基于多线性映射的密码算法

唐 飞 著

科学出版社

北京

内 容 简 介

密码学是研究编制密码和破译密码的技术科学,是信息安全领域的基础方向之一。密码算法能提供保密性、认证性等功能,是保障数据安全与隐私保护的核心技术。密码算法的设计往往需要基于具有特殊结构的代数系统,多线性映射就是这样的一个工具。基于多线性映射可以构造性能优良的密码算法,可以实现传统工具难以实现的密码体制,近年来受到了密码学界的广泛关注。本书总结基于多线性映射的公钥密码算法构造方法,具体包括公钥加密体制、数字签名体制、属性密码体制、代理重密码体制、密钥交换协议等内容。探索基于多线性映射的公钥密码算法的构造原理与可证明安全性,展示基于多线性映射构造公钥密码体制的新思路与新方法。

本书的读者对象主要包括密码学研究人员、密码学研究生等。本书系统性地介绍基于多线性映射的公钥密码体制构造方法,非常适合从事公钥密码体制研究的读者阅读。

图书在版编目 (CIP) 数据

基于多线性映射的密码算法 / 唐飞著. —北京:科学出版社,2023.10
ISBN 978-7-03-077111-7

Ⅰ. ①基… Ⅱ. ①唐… Ⅲ. ①密码算法 Ⅳ. ①TN918.1

中国国家版本馆 CIP 数据核字 (2023) 第 219869 号

责任编辑:叶苏苏 霍明亮 / 责任校对:王 瑞
责任印制:罗 科 / 封面设计:义和文创

科 学 出 版 社 出版
北京东黄城根北街 16 号
邮政编码:100717
http://www.sciencep.com
四川煤田地质制图印务有限责任公司 印刷
科学出版社发行 各地新华书店经销

*

2023 年 10 月第 一 版 开本:B5 (720×1000)
2023 年 10 月第一次印刷 印张:8 1/2
字数:176 000

定价:**119.00 元**
(如有印装质量问题,我社负责调换)

前　言

密码学是研究如何在敌人存在的环境中安全通信的学科。现代密码算法的构造需要基于不同类型的代数结构，多线性映射便是用于构造密码算法的有力工具，是近年来密码学研究领域的热点方向之一。

本书重点关注基于多线映射的密码算法构造方法及可证明安全性，同时也对多线映射的概念与性质进行介绍。本书用简洁的例子来表达，以期读者能对基于多线映射的密码算法构造方法有更深刻的理解。

本书的编写得到了我的博士生导师李红达教授、师兄牛其华博士的指导，以及同行专家的支持和鼓励，在此一并表示衷心的感谢！感谢我所在的密码学及应用课题组每一位成员积极参加讨论，他们是我的博士生王萍，硕士生凌国玮、徐婷鲜、彭金兰、梁世凯、甘宁、王金洋、周旭君、陈栎名、罗威、林静雯、何豪、姜迎、牟俊宇、曹天昊。感谢重庆邮电大学出版基金（C30020000092）和国家自然科学基金（61702067）对本书的资助。

唐　飞

2023 年 5 月

目　　录

第1章 概　　述

1.1　引　　言

密码学是一门研究密码与密码活动本质和规律，以及指导密码实践的学科，主要探索密码编码和密码分析的一般规律。其中，密码编码学是一门通过研究和设计密码通信系统，使其传递的信息具有很强的保密性和认证性的学科；密码分析学是研究如何破解或攻击受保护信息的科学，是指在没有加密密钥的情况下，攻击密文的过程，其目标就是从密文中得到明文或由已知的条件得到密钥。密码学是一门结合了计算机科学与技术、信息与通信工程、数学等多门学科的综合性学科。密码学发展到今天，已经从早期的仅支持通信信息加密发展到包含身份认证、消息认证、数字签名、密钥协商等诸多功能，是网络空间安全的核心技术之一[1]。

密码学是一门具有悠久历史的学科，根据时间顺序，密码学的发展大致可以分为如下三个时期。

1. 古典密码时期

从古代到 19 世纪末，这期间的密码称为古典密码。这个时期产生的许多密码都是以手工作业的方式进行的，用纸笔或简单的器械来实现加密/解密的。这一时期可以看成密码学的前夜时期，这一时期的密码技术可以说是一种艺术而非学科。在古典密码时期，密码技术专家主要通过文字内容的代替、置换和隐藏等方法实现对通信信息的加密。古典密码方案一般应用于军事、政治等领域，处理少量文本信息。比较有代表性的古典密码方案包括凯撒密码、希尔密码、维吉尼亚密码等。此外，藏头诗、隐写术等有时也被认为是古典密码方案。古典密码方案的安全性很大程度上依赖于敌手对所使用加密方案的完全不知情，这有悖于现代密码方案设计时所遵循的柯克霍夫（Kerckhoff）准则。事实上，利用现代计算机进行统计分析破译，几乎所有古典密码方案都是不安全的。

2. 近代密码时期

20 世纪初到 20 世纪 50 年代左右被称为近代密码时期。在 1919 年以后的几十年中，密码研究人员设计出了各种各样采用机电技术的转轮密码机来取代手工编码加密方法，实现保密通信的自动编解码。因此，这一时期的密码也被称为机械密码。这一时期，比较有代表性的密码机包括德军使用的 Engima 密码机及日本使用的红色密码机和紫色密码机。这一时期的密码技术原理依然是文本内容的替换和移位，但由于加密过程更为复杂，所以相对古典密码而言也更为安全。但由于加密对象主要还是信息内容的文本本身，因此可以采用密文字母的频次分析等方法破译该时期的密码。

3. 现代密码时期

1946 年，世界上第一台电子计算机诞生了，随着计算能力的突飞猛进，在具有超强计算能力的计算机面前，所有的古典密码和机械密码都显得不堪一击。1948 年，美国数学家Shannon[2]发表了划时代意义的论文 *A mathematical theory of communication*，创立了信息论。从此以后，所有文本、图像、音频、视频等信息都能转换成数字形式，进而可以用功能强大的计算机来处理。电子通信技术也在计算机的支持下迅猛发展，计算机通信网络也很快遍布世界，人类进入信息时代。

在信息时代，要保证计算机通信网络和数据传递的安全性，这就是密码学的新任务。1949 年，Shannon[3]发表了 *Communication theory of secrecy systems*，首次将信息论引入密码技术的研究，为现代密码学研究与发展奠定了坚实的理论基础，使密码技术由艺术变成了科学，人类从此进入信息密码时代。

20 世纪 70 年代之前的密码研究工作依然主要由军队、外交保密部门等秘密进行。此后，伴随着计算机网络的普及和发展，密码开始向人类几乎所有的社会活动领域渗透。1973 年，美国国家标准局开始征集联邦数据加密标准，很多公司积极参与并提交方案，最终国际商用机器公司（International Business Machines，IBM）提交的 Lucifer 加密算法获得胜利。随后，经过长达两年的公开讨论，美国国家标准局于 1977 年决定正式采用该算法，并将其命名为数据加密标准（data encryption standard，DES）。然而，随着计算机硬件的快速发展，计算能力也不断提高，1997 年，美国国家标准学会发起高级加密标准（advanced encryption standard，AES）征集活动。经过三年的遴选和讨论，比利时密码学家 Daemen 和 Rijmen[4]提交的 Rijndael 算法脱颖而出。2000 年，美国国家标准与技术研究院（National Institute of Standards and Technology，NIST）宣布将 Rijndael 算法作为新的 AES 算法。

1976 年，Diffie 和 Hellman[5]发表了 *New directions in cryptography*。该文首次提出了公钥密码学思想，以及数字签名等不同于传统密码学仅用于加密消息的密码学新概念。在一个公钥密码系统中，用户拥有两个密钥，其中一个是公开的，可以用于消息加密，另外一个是用户秘密保存的，可以用于密文解密。公钥密码的出现省去了对称密码体制中通信双方需要事先协商一个共同的会话密钥这一要求。公钥密码的思想是密码学发展的里程碑，实现了密码学发展史上的第二次飞跃。Diffie 与 Hellman 也凭借这一工作获得了 2015 年的图灵奖。因此，有人认为公钥密码的提出是密码学发展史上唯一一次革命。

1978 年，美国麻省理工学院的 Rivest 等[6]在公钥密码学思想的基础上，设计了第一个实用的公钥密码体制 RSA（Rivest-Shamir-Adleman）。RSA 算法的安全性基于大整数因子分解问题，该问题是一个公认的困难问题，至今没有有效的解决方法，因此保证了 RSA 算法的安全性。随后，RSA 算法得到了广泛的应用，为新兴的计算机网络通信提供了安全保障。因此，Rivest、Shamir 和 Adleman 于 2002 年获得了图灵奖。

数学家 Koblitz[7]和 Miller[8]分别独立地提出了基于椭圆曲线的密码体制（elliptic curve cryptosystem，ECC）。ECC 基于椭圆曲线上离散对数问题的困难性。由于 ECC 可以用更短的参数得到与 RSA 长参数相同的安全性，ECC 效率比 RSA 更高，因此，近年来 ECC 也得到了广泛的使用。

公钥密码算法的安全性基于数学困难问题，有坚实的理论基础，包括信息论、计算复杂性理论、数论、概率论等。现代密码算法的安全任务也不再局限于传统的保密通信，而是含义更广的信息安全范畴，具体包括数据加密、数字签名、身份认证、消息认证、密钥协商、密码协议等重要功能。

21 世纪初，我国也大力开展密码学研究并推出了一系列商用密码算法，包括祖冲之流密码算法、SM2 公钥密码算法、SM3 哈希函数算法、SM4 分组密码算法、SM9 基于身份的密码算法等。如今，密码学的应用已经深入人们生活的方方面面，如数字证书、网上银行、身份证等，密码技术在其中都发挥了重要作用。

1.2　多线性映射概述

公钥密码方案需要基于具有特殊结构的代数系统，其安全性依赖于相应的困难问题假设，如 RSA 假设[6]、离散对数假设[9]等。目前，人们已经找到许多具有良好性质的系统，双线性映射便是其中近年备受欢迎的一个。双线性映射可以通过椭圆曲线或超椭圆曲线上的 Weil 对或 Tate 对实现。起初，双线性映射的提出是为了攻击密码方案。直到 2000 年，Joux[10]首次正面利用双线性映射构造了一个非交互式的三方密钥交换协议。此后，双线性映射被广泛地用于密码方案的设计当中，经典的基于双线性映射的密码方案包括非交互三方密钥交换协议[10]、基于身份的加密方案[11]、短签名方案[12]等。

多线性映射是双线性映射的一个扩展概念,这一概念由 Boneh 和 Silverberg[13]提出，他们讨论了多线性映射的潜在应用，包括多方非交互式密钥交换协议、唯一签名、广播加密等。但是，他们同时也指出实现多线性映射会非常困难。直到2013 年，Garg 等[14]首次基于全同态加密等工具给出了第一个多线性映射候选方案。随后，多线性映射受到了国内外密码学者的广泛关注。随后，Coron 等[15]基于整数环构造了另外一个多线性映射候选方案。此后，许多关于多线性映射方案本身的分析、改进与变体概念被提出来。当前基于双线性对的密码体制的研究基本被基于多线性映射的密码体制的研究所取代，这是一个很自然的推广，当然更取决于多线性映射所体现出来的强大功能[16]。

双线性映射与多线性映射之所以能被广泛地用于密码方案的设计主要是因为其具有传统代数群所不具有的良好性质，即可以实现任意两个群元素 g^{c_1} 与 g^{c_2} 的配对运算 $e(g^{c_1}, g^{c_2})$ 且该值等于 $e(g,g)^{c_1 c_2}$。自然地，人们希望能构造出具有更好性质的多线性群与多线性映射，即任意给定 k 个群元素 $g^{c_1}, g^{c_2}, \cdots, g^{c_k}$，实现配对运算 $e(g^{c_1}, g^{c_2}, \cdots, g^{c_k}) = e(g,g,\cdots,g)^{c_1 c_2 \cdots c_k}$。

关于多线性映射的研究主要包括两个方面，其中一方面关注多线性映射方案本身实现或改进等；另一方面则是关注如何利用多线性映射构造具有良好性质的密码方案，特别是此前尚未实现的密码方案。下面按公钥加密、数字签名、伪随机函数、其他密码方案等类别列举部分相关文献。

1. 公钥加密

Garg 等[14]在 CRYPTO① 2013 会议上利用多线性映射设计了第一个支持一般电路的基于属性的加密方案，但遗憾的是方案的安全性是选择性安全，即要求敌手在游戏开始前就给出将要挑战的消息或身份等信息。此后，人们又给出了适应性安全地支持一般电路的属性加密方案。Garg 等[17]在计算理论研讨会（Symposium on Theory of Computing）上引入了证据加密这一概念，并利用多线性映射给出了一个具体的实现。证据加密是一类定义在非确定性多项式（nondeterministic polynomially，NP）语言上的公钥加密方案。加密者在加密一个消息时，首先选定实例 x，然后利用它生成一个关于该消息的密文。使得当且仅当解密者拥有关于实例 x 的有效证据 w 时才能解密该密文获得被加密的消息。Boneh 等[18]利用多线性映射构造了一个基于身份的公钥广播加密方案。Park 等[19]构造了一个可撤销的基于身份的加密方案。

2. 数字签名

Hohenberger 等[20]在 CRYPTO 2013 会议上利用多线性映射构造了支持无限聚合的基于身份聚合签名方案。Catalano 等[21]利用多线性映射构造了一个支持多项式函数的同态签名方案。

3. 伪随机函数

Boneh 和 Waters[22]首次利用多线性映射构造了几个支持不同谓词族的受限的伪随

---

① 由国际密码学协会资助的美密会。

机函数。由于 Boneh 和 Waters[22] 的方案仅仅是选择性安全的,不能满足场景中的安全需要。随后,不少学者实现了适应性安全的受限的伪随机函数或者变体方案的构造。

4. 其他密码方案

Freire 等[23] 实现了多线性群环境下的可编程 Hash,并讨论其相关应用,包括多方非交互式密钥协商等。Catalano 等[24] 利用多线性映射设计了支持算术电路的同态消息认证码。Benhamouda 和 Pointcheval[25] 构造了基于口令的认证密钥协商方案。Zhang 和 Safavi-Naini[26] 构造了支持多项式计算与矩阵乘法的外包方案。Wang 等[27] 构造了一个基于身份的密钥封装机制方案。此外,近年来的研究热点混淆也以多线性映射为关键基础组件,因此基于混淆的密码体制也可以看成多线性映射的进一步应用。

从上述关于多线性映射在密码学中的应用例子中可以看到,尽管多线性映射实现起来复杂,效率也往往偏低,但是由于其具有良好的性质,因此其可以用于构造此前不能实现的密码方案。

1.3　密码学原语

本节介绍本书将会用到的若干密码学原语,包括计算性安全、伪随机数生成器、伪随机函数、受限的伪随机函数、抗第二原象函数、双线性映射与多线性映射、混淆等。

1.3.1　计算性安全

一般地,实用公钥密码方案都只能达到计算性安全(computational security)。以数字签名方案为例,若敌手具有无限计算能力,那么它可以根据用户公钥 pk 计算出对应的私钥 sk,那么方案明显不安全。此外,给定任意一个消息 m,敌手可穷举签名空间中的所有元素,最终找到一个元素 σ 使其通过验证算法。因此,我们一般只考虑计算能力有限的敌手,即概率多项式时间(probabilistic polynomial time,PPT)敌手。相对于无条件安全性这一概念而言,我们称抵御 PPT 敌手攻击的安全性为计算性安全性。此外,即使敌手是 PPT 的,公钥密码方案也不具有完美安全性(perfect security)。依然以数字签名方案为例,敌手从签名空间随机选取一个元素并将其作为某个消息的伪造签名。很明显,由于签名结果一定是签名空间中的一个元素,因此该随机选取的元素也有可能是一个有效的签名,尽管成功的概率很低。此外,敌手还可以从密钥空间随机选取一个元素作为挑战公钥 pk 所对应的私钥 sk。当然,如果方案本身是安全的,那么敌手能正确地选到对应私钥的概率应该是极小的。因此，当定义方案安全性时，并不要求敌手成功的概率为零，只要求敌手成功概率是极小的即可。

定义 1.1 如果对任意 $k \geq 0$，存在 $c_k \geq 0$，使得对任意 $\lambda \geq c_k$ 都有 $\mathrm{negl}(\lambda) < 1/\lambda^k$，那么称 $\mathrm{negl}(\cdot): N \to [0,1]$ 是一个可忽略函数。

如果一个事件发生的概率关于安全参数 λ 是可忽略的，就称该事件发生的概率是极小的。

1.3.2 伪随机数生成器

伪随机数生成器（pseudo random generator，PRG）是一个多项式时间可计算的函数 G。该函数可以将一个短的随机比特串 x 扩张为一个较长的比特串 $G(x)$，并使得对任意的 PPT 敌手而言，$G(x)$ 看起来都是随机的。这里的"看起来是随机的"要求 $G(x)$ 的分布与随机均匀分布计算不可区分。

定义 1.2 令 X_λ 与 Y_λ 是 $\{0,1\}^\lambda$ 上的两个概率分布，如果对任意 PPT 挑战者 B 都有 $\left| \Pr\left[B(t) = 1 : t \leftarrow X_\lambda \right] - \Pr\left[B(t) = 1 : t \leftarrow Y_\lambda \right] \right| \leq \mathrm{negl}(\lambda)$，那么称 X_λ 与 Y_λ 是计算不可区分的。

伪随机数生成器由 Blum 和 Micali[28] 于 1984 年提出，其已成为密码学中的一个重要的基础组件。

定义 1.3 如果 $G: \{0,1\}^\lambda \to \{0,1\}^{l(\lambda)}$ 满足如下两个条件，那么称其是一个伪随机生成器。

（1）扩张性：对任意 $\lambda \in N$，函数 $L: N \to N$ 满足 $l(\lambda) > \lambda$，且对任意 $s \in \{0,1\}^*$ 有 $\left| G(s) \right| = l(|s|)$。

（2）伪随机性：对任意 PPT 挑战者 B，有 $\mathrm{Adv}_{B,G}^{\mathrm{PRG}}(\lambda) = \Big| \Pr\big[B(y) = 1 : y = G(s),$ $s \leftarrow \{0,1\}^\lambda \big] - \Pr\big[B(y) = 1 : y \leftarrow \{0,1\}^{l(\lambda)} \big] \Big| \leq \mathrm{negl}(\lambda)$。

Håstad 等[29] 证明了 PRG 的存在性等价于单向函数（one way function，OWF）的存在性。单向函数是密码学中最重要的基础组件之一，其形式定义如下所示。

定义 1.4 如果一个函数 $f: \{0,1\}^* \to \{0,1\}^*$ 满足如下两个条件，那么称其是一个单向函数。

（1）可计算性：给定任意输入 x，存在有效算法计算函数值 $f(x)$。

（2）单向性：对于任意 PPT 挑战者 B，有 $\mathrm{Adv}_{B,f}^{\mathrm{OWF}}(\lambda) = \Pr\Big[f(z) = y : x \leftarrow \{0,1\}^*,$ $z \leftarrow B(1^\lambda, y) \Big] \leq \mathrm{negl}(\lambda)$。

1.3.3 伪随机函数

伪随机函数（pseudo random function，PRF）是一个多项式时间复杂度的函数

$F: K \times X \to Y$，但它与一个真随机函数又是计算不可区分的。伪随机函数是密码学中的重要基础组件之一，其形式定义如下所示。

定义 1.5 如果对任意 PPT 挑战者 B，都有 $\mathrm{Adv}_B^{\mathrm{PRF}}(\lambda) = \left| \Pr\left[B^{F_\lambda}(1^\lambda) = 1 \right] - \Pr\left[B^{H_\lambda}(1^\lambda) = 1 \right] \right| \leqslant \mathrm{negl}(\lambda)$，那么称函数族 $F: K \times X \to Y$ 是伪随机的，其中 $H = \{H_\lambda\}_{\lambda \in N}$ 是一致分布函数族。

Goldreich 等[30]基于双倍扩张的 PRG 构造了伪随机函数，即 GGM（Goldreich-Goldwasser-Micali）伪随机函数。

1.3.4 受限的伪随机函数

受限的伪随机函数（constrained pseudo random function，CPRF）由 Boneh 和 Waters[22]于 2013 年首次提出。不同于普通的伪随机函数，在受限的伪随机函数中，对 PRF 的定义域 X 中的任意子集 S，由函数主密钥 K 可以产生一个受限密钥 $K(S)$，该受限密钥允许其拥有者计算子集 S 中所有点的函数值，但是不能计算 S 之外任意点的函数值。

定义 1.6 受限的伪随机函数包括 CPRF.Key、CPRF.Pun 与 F 三个算法与一对可计算函数 $n(\cdot)$ 与 $m(\cdot)$ 且满足如下性质。

（1）在受限子集合 S 中保持功能性：对任意 PPT 敌手 A 使得它输出一个集合 $S \subseteq X$，其中 $X = \{0,1\}^{n(\lambda)}$ 是 CPRF 的定义域，随后对于任意 $x \in S$，都有 $\Pr\left[F(K,x) = F(K(S),X): K \leftarrow \mathrm{CPRF.Key}(1^\lambda), K(S) \leftarrow \mathrm{CPRF.Pun}(K,S) \right] = 1$。

（2）在受限子集合 S 之外具有伪随机性：对任意 PPT 算法 (A_1, A_2) 使得 $A_1(1^\lambda)$ 输出一个子集合 $S \subseteq X$ 与状态信息 τ。考虑如下试验：$K \leftarrow \mathrm{CPRF.Key}(1^\lambda)$，$K(S) \leftarrow \mathrm{CPRF.Pun}(K,S)$，都有 $\mathrm{Adv}_{A_2,F}^{\mathrm{CPRF}}(\lambda) = \left| \Pr\left[A_2\left(\tau, K(S), S, F(K, X \setminus S)\right) = 1 \right] - \Pr\left[A_2\left(\tau, K(S), S, U_{m(\lambda) \cdot |X \setminus S|}\right) \right] = 1 \right| \leqslant \mathrm{negl}(\lambda)$，其中 $X \setminus S = \{x_1, \cdots, x_k\}$ 且 $F(K, X \setminus S)$ 表示 $F(K,x_1) \| \cdots \| F(K,x_k)$，$U_l$ 表示长为 l 的一致性分布。

事实上，经典的 GGM 伪随机函数构造已经蕴含了受限的伪随机函数构造。

在本书的方案构造中，我们还会用到另外一类伪随机函数，Punctured 伪随机函数（Punctured pseudo random function，PPRF）。PPRF 是 CPRF 的互补形式的伪随机函数族。在 PPRF 中，关于子集合 S 的子密钥，$K(S)$ 支持计算集合 S 之外的所有点，即 $X \setminus S$，且要求在集合 S 中具有伪随机性。事实上，基于经典的 GGM PRF 构造，也很容易实现 PPRF。因此，为了便于描述，本书统一称这两类伪随机函数变体为受限的伪随机函数。

1.3.5　抗第二原象函数

抗第二原象（second pre-image resistance，SPR）函数由两个 PPT 算法 (SPR.Gen, g) 构成，其中算法 SPR.Gen 输入安全参数 1^λ 并输出一个函数 $g(s,\cdot):\{0,1\}^{\mu(\lambda)}\to\{0,1\}^{\kappa(\lambda)}$ 的描述 $s\in\{0,1\}^*$。如果给定一个随机选择的输入 $x\in\{0,1\}^{\mu(\lambda)}$ 与函数描述 $s\leftarrow\text{SPR.Gen}(1^\lambda)$，找到另外一个输入 $x'\in\{0,1\}^{\mu(\lambda)}$ 使得 $x'\neq x$ 且 $g(s,x)=g(s,x')$ 是困难的，就称该函数是抗第二原象的。SPR 函数是一致单向 Hash 函数的弱化，定义如下所示。

定义 1.7　如果对任意的 PPT 挑战者 B，都有 $\text{Adv}_{B,g}^{\text{SPR}}(\lambda)=\Pr[g(s,x)=g(s,x')\wedge x\neq x':s\leftarrow\text{SPR.Gen}(1^\lambda),x\leftarrow\{0,1\}^{\mu(\lambda)},x'\leftarrow B(s,x)]\leqslant\text{negl}(\lambda)$，那么称可有效计算的函数 (SPR.Gen, g) 为一族 SPR 函数。为了便于描述，我们将 $g(s,\cdot)$ 简记为 $g(\cdot)$。

1.3.6　双线性映射与多线性映射

双线性映射又称为双线性对。双线性映射起初被用于密码分析与攻击。直到 2000 年，Joux[10]首次正面利用双线性映射构造了一个非交互式的三方密钥交换协议。随后，双线性映射在密码学领域得到了广泛的应用，如基于身份的加密方案等。

定义 1.8　令 G 与 G_T 是两个阶为素数 p 的乘法循环群，g 是群 G 的生成元。如果映射 $e:G\times G\to G_T$ 满足如下性质，那么称其为一个双线性映射。

（1）双线性：对于任意 $a,b\in Z_p$，有 $e(g^a,g^b)=e(g,g)^{ab}$。

（2）非退化性：$e(g,g)\neq 1$，其中 1 表示群 G_T 的单位元。

（3）可计算性：对于任意 $a,b\in Z_p$，存在有效算法计算 $e(g^a,g^b)$。

令 $\text{BiGen}(1^\lambda)$ 是一个 PPT 双线性群生成算法，该算法输入安全参数 λ，输出双线性群参数 $\text{bp}=(G,G_T,p,g,e)$ 并满足上述性质。

双线性计算 Diffie-Hellman（bilinear computational Diffie-Hellman，BCDH）假设与双线性判定 Diffie-Hellman（bilinear decisional Diffie-Hellman，BDDH）假设是双线性映射环境下两个常用的困难问题假设。

定义 1.9（BCDH 假设）　令 $\text{bp}=(G,G_T,p,g,e)\leftarrow\text{BiGen}(1^\lambda)$，$c_1,c_3,c_3\leftarrow Z_p$，对于任意 PPT 挑战者 B 与任意 $\lambda\in N$，$\Pr[e(g,g)^{c_1c_2c_3}\leftarrow B(\text{bp},g^{c_1},g^{c_2},g^{c_3})]\leqslant\text{negl}(\lambda)$。

定义 1.10（BDDH 假设）　令 $\text{bp}=(G,G_T,p,g,e)\leftarrow\text{BiGen}(1^\lambda)$，$c_1,c_2,c_3\leftarrow Z_p$，对于 PPT 挑战者 B 与任意 $\lambda\in N$，$|\Pr[1\leftarrow B(\text{bp},g^{c_1},g^{c_2},g^{c_3},T)|T=e(g,g)^{c_1c_2c_3}]-\Pr[1\leftarrow B(\text{bp},g^{c_1},g^{c_2},g^{c_3},T)|T\leftarrow G_T]|\leqslant\text{negl}(\lambda)$。

多线性映射是双线性映射的一个扩展概念，由 Boneh 和 Silverberg[13]首次提出。但是，他们同时也指出实现多线性映射也许非常困难。直到 2013 年，Garg

等[17]才首次利用同态加密思想给出了第一个多线性映射候选方案。

定义 1.11 令 $G = (G_1, G_2, \cdots, G_k)$ 是一族阶为大素数 p 的乘法循环群，群元素 g_i 分别是群 G_i 的生成元，令 $g = g_1$。存在一族双线性映射 $\{e_{i,j}: G_i \times G_j \to G_{i+j} \mid i,j > 1$ 且 $i+j \leq k\}$，满足性质 $e_{i,j}(g_i^a, g_j^b) = g_{i+j}^{ab}: \forall a, b \in Z_p$。

一般地，我们省掉 $e_{i,j}$ 的下标 i 与 j，如 $e(g_i^a, g_j^b)$。此外，为了便于描述，将 $e(h_1, e(h_2, \cdots, e(h_{j-1}, h_j), \cdots)) \in G_i$ 简写为 $e(h_1, h_2, \cdots, h_j)$，其中 $h_j \in G_{i_j}$ 且 $i_1 + i_2 + \cdots + i_j \leq k$。

为了便于描述，我们令 MultiGen$(1^\lambda, k)$ 是一个多线性映射生成算法，该算法输入安全参数 λ 和一个正整数 k，k 表示多线性映射中群的个数，输出多线性群参数 mp $= (G_1, G_2, \cdots, G_k, p, g = g_1, g_2, \cdots, g_k, e_{i,j})$ 满足上述性质。

多线性群与映射可以通过 GGH 分级编码系统实现。为了便于描述，本书在利用多线性映射构造方案时，只利用多线性映射的上述符号进行描述而不将其转化到 GGH 分级编码系统中。

类似于双线性映射，多线性映射中也有类似困难问题假设，如多线性计算 Diffie-Hellman（multilinear computational Diffie-Hellman，MCDH）假设与多线性判定 Diffie-Hellman（multilinear decisional Diffie-Hellman，MDDH）假设。

定义 1.12（MCDH 假设） 对于任意的 mp $= (G_1, G_2, \cdots, G_k, p, g = g_1, g_2, \cdots, g_k, e_{i,j}) \leftarrow$ MultiGen$(1^\lambda, k)$，$c_1, \cdots, c_k \leftarrow Z_p$，任意 PPT 挑战者 B 与任意 $\lambda \in N$，$\Pr[T \leftarrow B(\text{mp}, g^{c_1}, \cdots, g^{c_k}) \mid T = e(g,g)^{c_1 \cdots c_3}] \leq \text{negl}(\lambda)$。

定义 1.13（MDDH 假设） 对于任意的 mp $= (G_1, G_2, \cdots, G_k, p, g = g_1, g_2, \cdots, g_k, e_{i,j}) \leftarrow$ MultiGen$(1^\lambda, k)$，$c_1, \cdots, c_{k+1} \leftarrow Z_p$，任意 PPT 挑战者 B 与任意 $\lambda \in N$，$|\Pr[1 \leftarrow B(\text{mp}, g^{c_1}, \cdots, g^{c_{k+1}}, T) \mid T = e(g,g)^{c_1 \cdots c_{k+1}}] - \Pr[1 \leftarrow B(\text{bp}, g^{c_1}, \cdots, g^{c_{k+1}}, T) \mid T \leftarrow G_k]| \leq \text{negl}(\lambda)$。

以上两个假设可以看成 CDH 问题与 DDH 问题在多线性映射环境中的扩展假设。

1.3.7 混淆器

混淆源于程序或代码混淆，其目的是保护程序代码免遭逆向工程而被非授权者获取。因此，程序混淆的目的是使得混淆后的程序不仅具有与原程序相同的功能，而且程序代码不可读。Barak 等[31]首先对混淆这一概念进行了理论研究，提出了实质黑盒（virtual black box，VBB）的这一安全性要求，即 VBB 性质，具体来说就是要求任何可以通过混淆后的程序 $O(P)$ 获取的信息都可以通过黑盒访问原程序 P 获得。不幸的是 Garg 等[32]证明了针对一般电路的满足实质黑盒安全性的通用混淆器是不存在的。为了避开这个不可能性结果，他们提出了另外两个较弱的混淆器概念，即不可区分混淆器（indistinguishability obfuscation，iO）与不同输入混淆器（differing-inputs obfuscation，diO）。

在不可区分混淆中，给定两个规模一样、功能相同的电路，混淆后的两个电路是计算不可区分的。尽管不可区分混淆器相对于具有实质黑盒安全性的混淆器是一个很弱的概念，但是实现不可区分混淆器依然很困难。直到 2016 年，Garg 等[32]才首次利用多线性映射给出了针对一般布尔电路的不可区分混淆候选方案。随后，不可区分混淆在密码学各个领域得到了广泛的应用，解决了许多公开问题，如替换随机预言机、函数加密、可否认加密、多方密钥协商、多方计算等。由于目前已有的不可区分混淆器主要都是基于多线性映射所得到的，因此，基于不可区分混淆器的密码方案也可以看作多线性映射的一个应用。

定义 1.14　不可区分混淆器是针对电路族 C_λ，且满足如下条件的一致性 PPT 机器。

（1）保持功能性：对任意安全参数 $\lambda \in N$，任意电路 $C \in C_\lambda$，任意地输入 x，有 $\Pr[C'(x) = C(x) : C' \leftarrow iO(\lambda, C)] = 1$。

（2）不可区分性：对所有的（可以是非一致性的）PPT 敌手 (Samp, D)，存在可忽略函数 negl 使得如下式子成立，如果 $\Pr[\forall x, C_0(x) = C_1(x) : (C_0, C_1, \tau) \leftarrow \text{Samp}(1^\lambda)]$ $> 1 - \text{negl}(\lambda)$，那么有

$$\text{Adv}_D^{iO} = \left| \Pr[D(\tau, iO(\lambda, C_0)) = 1 : (C_0, C_1, \tau) \leftarrow \text{Samp}(1^\lambda)] \right.$$
$$\left. - \Pr[D(\tau, iO(\lambda, C_1)) = 1 : (C_0, C_1, \tau) \leftarrow \text{Samp}(1^\lambda)] \right| \leqslant \text{negl}(\lambda)$$

不同输入混淆强于不可区分混淆。不可区分混淆要求如果存在敌手能区分两个功能不同的电路 C_0 与 C_1，那么存在敌手能抽取出某输入，针对该输入，两个电路会输出两个不同的结果。Boyle 等[33]证明了如果两个电路 C_0 与 C_1 仅有多项式个不同输入点，那么不可区分混淆已经蕴含了不同输入混淆器（可抽取混淆，extractability obfuscation）。不同输入混淆的应用包括功能证据加密、多方非交互式密钥协商、广播加密、知识的零知识论证等。

定义 1.15　令 $(C_0, C_1, \text{aux}) \leftarrow \text{Samp}(1^\lambda)$ 为电路族 C 的抽样算法，如果对任意 PPT 算法 B，如下不等式成立，那么称 C 为不同输入电路族。

$$\text{Adv}_B^C(\lambda) = \Pr[C_0(x) \neq C_1(x) : (C_0, C_1, \text{aux}) \leftarrow \text{Samp}(1^\lambda), x \leftarrow B(1^\lambda, C_0, C_1, \text{aux})] \leqslant \text{negl}(\lambda)$$

接下来我们展示不同输入混淆器 diO 的定义。

定义 1.16　如果一个一致性的 PPT 机器满足如下条件，那么称其是针对不同输入电路族 $C = C_\lambda$ 的不同输入混淆器 diO。

（1）正确性：对于任意安全参数 $\lambda \in N$，任意电路 $C = C_\lambda$，以及任意输入 x，有 $\Pr[C'(x) = C(x) : C' \leftarrow \text{diO}(\lambda, C)] = 1$。

（2）多项式下降：对于任意电路 $C \in C_\lambda$，存在一个一致性的多项式 poly，有 $|C'| \leqslant \text{poly}(C)$，其中 $C' = \text{diO}(C)$。

（3）不同输入：对于任意（可以是非一致的）PPT 区分器 D，任意安全参数 $\lambda \in N$，以及 $(C_0, C_1, \text{aux}) \leftarrow \text{Samp}(1^\lambda)$，有

$$\text{Adv}_D^{\text{diO}}(\lambda) = | \Pr\big[D(\text{diO}(\lambda, C_0), \text{aux}) = 1\big]$$
$$- \Pr\big[D(\text{diO}(\lambda, C_1), \text{aux}) = 1\big]| \leqslant \text{negl}(\lambda)$$

1.4　本　章　小　结

本章主要介绍了密码学相关概念，包括发展史、分类等。同时，本章还介绍了与本书相关的系列相关知识，主要包括相关概念、困难问题、基础组件等。

第2章 基于多线性映射的公钥加密算法

2.1 引　　言

公钥加密（public key encryption，PKE）也称为非对称加密，在公钥加密算法中，每个用户都有一对密钥（即公钥和私钥），其中公钥公开给所有用户获知，私钥由用户自行安全保管。公钥解决了对称密码中密钥发布、管理等困难问题，是商用密码的核心。从公钥推算出密钥在计算上是不可行的。公钥的安全性理论基础是计算复杂性理论。公钥的安全性指计算安全性，通常是基于特定数学难题的计算困难性而设计的，主要有大整数因子分解的困难性、有限域上离散对数的难解性、椭圆曲线加法群上离散对数的难解性等。

公钥密码是在 20 世纪 70 年代提出的，最开始主要是为了解决对称密码中存在的密钥分配等问题。第一个比较完善的公钥密码算法是 RSA 公钥密码算法，它的安全性基础是大整数因子分解的困难性。公钥密码算法的设计中一般要使用大素数，素数的产生有两类算法：一类是确定性算法，即该算法判定结果是素数的一定是素数；另一类是概率算法，即不能确保通过算法检验的数一定是素数，只以很大的概率保证通过概率算法的数是素数。常用的概率检测算法有 Miller-Rabin 算法等。相对对称密码算法来说，公钥密码算法的效率都偏低，因此一般不直接用公钥密码算法加密数据本身，通信双方通常是利用公钥密码进行密钥分配的，然后再以分配的密钥利用序列密码或分组密码对信息进行加解密操作。公钥密码的另一个主要应用是进行数字签名，在网络安全技术中常使用公钥密码进行消息认证或身份认证。公钥密码的发展趋势是高速性、标准化。

目前，具有代表性的公钥加密体制包括 RSA、ElGamal、ECC、BF01 及我国的商用密码标准 SM2、SM9 等。现有公钥加密体制按基于的底层代数结构，可以分为三大类：基于模 n 运算的 RSA 类，其中 $n = p·q$，底层基础困难问题在于分解 n 是困难的；基于模大素数 p 的一类，底层基础困难问题在于离散对数问题，此外，基于椭圆曲线的离散对数问题构造思路和模 p 运算上的构造方式是一致的，因此我们也将其归为这类，代表性方案包括 ElGamal、ECC 等；基于双线性映射的密码体制类，代表性方案包括 BF01 等。多线性映射作为双线性映射的自然延伸，从方案构造的可行性方面来说，基于双线性映射的密码算法都能通过多线性映射构造出来，当然这样做会牺牲效率，从而没有实际的现实意义。

本章将基于多线性映射构造具有特殊性质的公钥加密体制，具体包括可撤销的基于身份加密体制和广播加密体制。这两个公钥加密体制在双线性映射等环境下也可以构造出来，但结构相对复杂些，基于多线性映射这一强大的代数工具，可以实现结构更简单的公钥加密算法。

2.2　基于多线性映射的可撤销身份加密算法

1984 年，Shamir[34]首次提出了基于身份的公钥密码（identity-based cryptography，IBC）算法的概念。在 IBC 中，用户的身份标识符（如姓名、邮箱地址等）可以看作公钥，而相应的私钥由一个可信的密钥生成中心（key generation center，KGC）来产生。IBC 消除了对用户证书的需求和依赖，简化了密钥管理。Boneh 和 Franklin[11]于 2001 年基于双线性映射给出了第一个有效的基于身份的加密（identity-based encryption，IBE）方案。自此以后，IBE 引起了众多学者的广泛关注，很多基于身份的加密和签名体制被提出。

系统用户的公私钥因各种原因有时需要被撤销并替换为新的密钥，例如，用户私钥丢失了、用户不再是一个合法用户等。为了解决密钥撤销和更新问题，Boneh 等[35]在 IBE 的基础上提出了消息的发送者在进行加密时可将当前的有效时间添加到身份信息中，并且消息的接收者周期性地获得新密钥的方法。然而，他们的方法需要可信中心执行与非撤销用户数量线性相关的工作，并且可信中心需要与每一位非撤销用户建立安全信道来发送更新后的密钥，因此实用性较差。随后，Boldyreva 等[36]给出了一个选择性安全的可撤销的基于身份的加密（revocable identity-based encryption，RIBE）算法。在该算法中，可信中心执行密钥更新等操作的计算量与非撤销用户数量呈对数关系，这有效地减轻了可信中心的计算负担。随后，Libert 和 Vergnaud[37]采用类似的密钥撤销方法将其改进为具有自适应安全性的 RIBE 体制。

2.2.1　算法定义

可撤销身份加密体制包含如下 7 个步骤。

初始化 $Setup(1^\lambda)$：输入安全参数 λ，输出系统公开系统参数 pp 和系统主私钥 msk，其中系统参数包含支持的最大用户数 N、撤销列表 RL 及状态 ST 等参数描述。

用户密钥生成 $KeyGen(pp,msk,id,T)$：输入参数 (pp,msk,id,T)，输出用户私钥 sk_{id} 及升级状态 ST。

密钥更新 $UpdateKey(pp,msk,RL,ST,T)$：输入参数 (pp,msk,RL,ST,T)，输出升

级密钥 $uk_{T,R}$，其中 R 是在 T 时刻的撤销身份集合。

解密密钥生成 DeriveKey(pp, msk, uk_{TR})：输入参数 (pp, msk, uk_{TR})，输出解密密钥 $dk_{id,T}$。

加密 Enc(pp, id, T, m)：输入参数 (pp, id, T, m)，输出密文 $c_{id,T}$。

解密 Dec(pp, $c_{id,T}$, $dk_{id',T'}$)：输入参数 (pp, $c_{id,T}$, $dk_{id',T'}$)，输出消息 m 或 $\perp$。

用户撤销 Revoke(pp, id, T, RL, ST)：输入参数 (pp, id, T, RL, ST)，输出一个更新的撤销列表 RL。

2.2.2　安全模型

Boldyreva 等[36]正式定义了 RIBE 的安全属性。最近 Seo 和 Emura[38]通过考虑解密密钥暴露攻击，完善了 RIBE 的安全模型。在本书中，我们考虑改进安全模型中的选择性撤销列表安全模型。

在选择性撤销列表安全游戏中，敌手最初提交一个挑战身份 ID^*、一个挑战时间 T^*，以及在时间 T^* 上的撤销身份集 R^*，然后敌手可以自适应地请求私钥、更新密钥和解密密钥的询问，并加以限制。在挑战步骤中，敌手提交两个挑战信息 M_0^*、M_1^*，然后敌手收到一个挑战密文 CT^*，该密文是 M_b^* 的加密，其中 b 是用于创建密文的一个随机硬币，敌手可以继续请求私钥，更新密钥和解密密钥询问。最后，敌手输出对随机硬币 b 的猜测。如果敌手的询问满足非平凡（nontrivial）条件且猜测正确，那么敌手赢得游戏。下面是选择性撤销列表安全的正式定义。

定义 2.1（选择性撤销列表安全）　RIBE 在选择明文攻击下的选择性撤销列表安全属性是以挑战者 C 和 PPT 敌手 A 之间的以下实验来定义的。

初始化：敌手 A 最初提交一个挑战身份 $ID^* \in I$，一个挑战时间 $T^* \in T$ 和一个在时间 T^* 上的撤销身份集 $R^* \subseteq I$。

系统建立：挑战者 C 通过运行 Setup(1^λ, N) 生成一个主密钥 MK、一个撤销列表 RL，一个状态 ST 和公共参数 PP。它把 MK、RL、ST 留给自己，并把 PP 留给敌手 A。

阶段 1：敌手 A 自适应地请求一个多项式的询问。这些询问的处理方式如下所示。

如果这是一个身份 ID 的私钥询问，那么它通过运行带有限制条件的 GenKey(ID, MK, ST, PP) 将相应的私钥 SK_{ID} 给敌手 A。如果 ID = ID^*，那么对 ID^* 和 T 的撤销询问必须对某个 $T \leqslant T^*$ 进行询问。

如果这是一个时间 T 的更新密钥询问，那么它通过运行带有限制条件的 UpdateKey(T, RL, MK, ST, PP) 给敌手 A 提供相应的更新密钥 $UK_{T,R}$。如果 $T = T^*$，那么在时间 T^* 上 RL 的被撤销的身份集应该等于 R^*。

如果这是一个身份 ID 和时间 T 的解密密钥询问，那么通过运行 DeriveKey(SK_{ID}, $UK_{T,R}$, PP) 和限制条件，它给敌手 A 提供相应的解密密钥 $DK_{ID,T}$。ID^* 和 T^* 的解密密钥询问不能被询问到。

如果这是一个身份 ID 和撤销时间 T 的撤销询问，那么敌手通过运行 Revoke(ID, T, RL, ST) 来更新撤销列表 RL，其限制条件是如果已经请求了时间 T 的更新密钥询问，就不能再询问时间 T 的撤销询问。

允许敌手 A 以非递减的时间顺序请求更新密钥询问和撤销询问，更新后的密钥 $UK_{T,R}$ 包含撤销列表 RL 中的身份集 R。

挑战：敌手 A 提交两个长度相同的挑战信息 $M_0^*, M_1^* \in M$。挑战者 C 抛出一枚随机硬币 $b \in \{0,1\}$，并通过运行 Enc(ID^*, T^*, M_b^*, PP) 向敌手 A 提供挑战密码文本 CT^*。

阶段 2：敌手 A 可以继续请求多项式数量的私钥，更新密钥和解密密钥，并受到与之前相同的限制。

猜测：最后，敌手 A 输出一个猜测 $b' \in \{0,1\}$，如果 $b = b'$，那么赢得游戏。

敌手 A 的优势被定义为 $\mathrm{Adv}_{\mathrm{RIBE},A}^{\mathrm{IND-sRL-CPA}}(\lambda) = \left| \Pr[b = b'] - \dfrac{1}{2} \right|$。如果对于所有的 PPT 敌手 A 来说，敌手 A 在上述实验中的优势在安全参数 λ 中可以忽略不计，那么 RIBE 方案在选择性撤销列表模型下是安全的。

2.2.3　算法构造

本节基于多线性映射构建一个具有较短公共参数的短密钥 RIBE 算法，并证明其选择性撤销列表的安全性，为了实现更短的公共参数大小，本节使用 Boneh 等[39]的广播加密算法，该算法使用多线性映射。

设置参数 $N = 2n-2$，其中 n 为一个正整数。令 $N = \{1, 2, \cdots, N\}$，$L = \{0,1\}^{l_1}$，$L = \{0,1\}^{l_2}$。对任意身份标识 ID 分配一个索引 d，身份标识 ID 的汉明重量为 l。接下来，基于 $2n + l - 2$ 级多线性映射构造一个 RIBE 算法。

RIBE.Setup(1^λ, N)：该步骤将安全参数 1^λ 和最大用户数 N 作为输入。一个 $2n + l - 2$ 级多线性群组 $\boldsymbol{G} = (G_1, \cdots, G_{2n+l-2})$，其中，群 G_i 的阶数均为大素数 p，g_i 是群 G_i 的生成元。PP_{MLM} 是带生成元的多线性群参数描述。

首先，选择随机元素 $f_{n-1,0}$, $\{f_{n-1,i,j}\}_{1 \le i \le l_1, j \in \{0,1\}}$, $h_{n-1,0}$, $\{h_{n-1,i,j}\}_{1 \le i \le l_2, j \in \{0,1\}}$, $\in G_{n-1}$。令 $\boldsymbol{f}_k = \left(f_{k,0}, \{f_{k,i,j}\}_{1 \le i \le l_1, j \in \{0,1\}} \right)$ 和 $\boldsymbol{h}_k = \left(h_{k,0}, \{h_{k,i,j}\}_{1 \le i \le l_2, j \in \{0,1\}} \right)$。$\boldsymbol{f}_k$ 和 $\boldsymbol{h}_k$ 可以基于 $\boldsymbol{f}_1$ 和 $\boldsymbol{h}_1$ 通过多线性映射的配对运算得到。定义函数 $F_k(\mathrm{ID}) = f_{k,0} \prod_{i=1}^{l_1} f_{k,i,\mathrm{ID}[i]}$ 和

$H_k(T) = h_{k,0} \prod_{i=1}^{l_2} h_{k,i,T[i]}$，其中 ID[$i$] 是 ID 第 i 位的比特值，$T[i]$ 是 T 第 i 位的比特值。

其次，选择随机指数 $\alpha, \beta, \gamma \in Z_p$，输出一个主密钥 MK $= (\alpha, \beta, \gamma)$、一个空撤销列表 RL、一个空状态 ST 及公共参数 PP $= \left(\text{PP}_{\text{MLM}}, \left\{ g_1^{\alpha^{2^i}} \right\}_{0 \le i \le n}, f_{n-1}, h_{n-1}, \Omega = g_{2n+l-2}^{\alpha^{2^n-1}\beta} \right)$

$\in G_1^{n+1} \times G_l \times G_{n-1}^{2l_1+2l_2+2} \times G_{2n+l-2}$。

RIBE.GenKey(ID,MK,ST,PP)：该步骤将身份 ID $\in I$、主密钥 MK、状态 ST 和公共参数 PP 作为输入。

首先给身份 ID 分配一个不在 ST 中的汉明权重 l 的索引 $d \in \{0,1\}^n$，并通过向 ST 添加一个元组 (ID,d) 来更新状态 ST。通过对 PP 中给出的元素进行乘法和配对操作来计算 $g_{n-1}^{\alpha^d}$。其次，选择一个随机指数 $r_1 \in Z_p$，计算身份 ID 对应的私钥 SK$_{\text{ID}} = \left(K_0 = g_{n-1}^{\alpha^d \gamma} F_{n-1}(\text{ID})^{-r_1}, K_1 = g_{n-1}^{-r_1} \right) \in G_{n-1}^2$。

RIBE.UpdateKey(T,RL,MK,ST,PP)：该步骤将时间 T、撤销列表 RL、主密钥 MK、状态 ST 和公共参数 PP 作为输入。

首先从 RL 中定义了时间 T 上的用户身份撤销集 R。也就是说，如果存在 (ID$'$,T')，使得 (ID$'$,T') $\in$ RL，对于任何 $T' \le T$，那么 ID$' \in R$。它通过使用状态 ST 来定义被撤销身份集 R 的撤销索引集 RI $\subseteq N$，因为 ST 包含 (ID,d)。密钥生成中心还定义了非撤销的索引集 SI $= N \setminus$ RI。通过对元素 PP 进行乘法和配对操作，计算参数 $\left\{ g_{n-1}^{\alpha^{2^n-1-j}} \right\}_{j \in \text{SI}}$。

选择一个随机指数 $r_2 \in Z_p$，计算一个更新密钥 UK$_{T,R} = \left(U_0 = \left(g_{n-1}^\gamma \prod_{j \in \text{SI}} g_{n-1}^{\alpha^{2^n-1-j}} \right)^\beta \right.$

$\cdot H_{n-1}(T)^{r_2}$，$\left. U_1 = g_{n-1}^{-r_2} \right) \in G_{n-1}^2$。

RIBE.DeriveKey(SK$_{\text{ID}}$,UK$_{T,R}$,PP)：输入私钥 SK$_{\text{ID}} = (K_0, K_1)$、时间信息 T、更新密钥 UK$_{T,R} = (U_0, U_1)$、撤销身份集合 R 及公共参数 PP。如果 ID $\in R$，那么输出 $\perp$，因为身份 ID 被撤销了。否则，进行以下步骤：d 是 ID 的索引，RI 是 R 的撤销索引集，分别包括在 SK 和 UK 中。设置一个非撤销的索引集 SI $= N \setminus$ RI。通过对 PP 中给出的元素进行乘法和配对操作来计算 $g_l^{\alpha^d}$，$\left\{ g_{n-1}^{\alpha^{2^n-1-j+d}} \right\}_{j \in \text{SI}, j \ne d}$。利用这些元素，可知时间成分 T_0、T_1 和 T_2 分别为 $T_0 = e\left(g_l^{\alpha^d}, U_0 \right) \cdot e\left(g_l^\beta, K_0 \prod_{j \in \text{SI}, j \ne d} g_{n-1}^{\alpha^{2^n-1-j+d}} \right)^{-1}$、

$T_1 = \left(g_l^\beta, K_1 \right)$ 和 $T_2 = e\left(g_l^{\alpha^d}, U_1 \right)$。选择随机指数 $r_1', r_2' \in Z_p$，并将这些成分重新随机

化为 $D_0 = T_0 \cdot F_{n+l-1}(\text{ID})^{r_1'} H_{n+l-1}(T)^{r_2'}$, $D_1 = T_1 \cdot g_{n+l-1}^{-r_1'}$, $D_2 = T_2 \cdot g_{n+l-1}^{-r_2'}$。可以看出，参数 D_0, D_1, D_2 分别为 $D_0 = g_{n+l-1}^{\alpha^{2^{n-1}}\beta} F_{n+l-1}(\text{ID})^{r_1''} H_{n+l-1}(T^{r_1^*})^{r_2'}$, $D_1 = g_{n+l-1}^{-r_1^*}$, $D_2 = g_{n+l-1}^{-r_2'}$，其中 $r_1'' = \beta r_1 + r_1'$, $r_2'' = \alpha r_2 + r_2'$。最后，输出一个解密密钥 $\text{DK}_{\text{ID},T} = (D_0, D_1, D_2) \in G_{n+l-1}^3$。

RIBE.Enc(ID,T,M,PP)：该步骤将一个身份 ID、一个时间 T、一个消息 M 和公共参数 PP 作为输入。选择一个随机指数 $s \in Z_p$，并通过隐含地包括 ID 和 T 输出一个密码文本，即 $\text{CT}_{\text{ID},T} = \left(C = \Omega^s \cdot M, C_0 = g_{n-1}^s, C_1 = F_{n-1}(\text{ID})^s, C_2 = H_{n-1}(T)^s\right) \in G_{2n+l-2} \times G_{n-1}^3$。

RIBE.Dec($\text{CT}_{\text{ID},T}$,$\text{DK}_{\text{ID}',T'}$,PP)：该步骤将密码文本 $\text{CT}_{\text{ID},T} = (C, C_0, C_1, C_2)$、解密密钥 $\text{DT}_{\text{ID}',T'} = (D_0, D_1, D_2)$ 及公共参数 PP 作为输入。如果 $(\text{ID} = \text{ID}') \wedge (T = T')$，那么接收方输出加密信息 $M = C \cdot \left(\prod_{i=0}^2 e(C_i, D_i)\right)^{-1}$，否则输出 $\perp$。

RIBE.Revoke(ID,T,RL,ST)：该步骤将一个身份 ID、撤销时间 T、撤销列表 RL 和状态 ST 作为输入。如果 $(\text{ID}, -) \notin \text{ST}$，那么输出 $\perp$，因为 ID 的私钥没有生成。否则，将 (ID, T) 加入 RL。输出更新的撤销列表 RL。

2.2.4　算法正确性

该方案所需的一些元素可以很容易地从 PP 的元素中计算出来。首先，在 $g_1^{\alpha^{2^i}}$ 上为 $i \in [0, n]$ 使用群乘法和配对操作，当为 $j \in [1, 2^n - 2]$ 且权重正好为 l 时，可以计算出参数 $g_l^{\alpha^j}$，当权重为 l 且 $j, u \in [1, 2^n - 2], j \neq u$ 时，可以计算出参数 $g_{n-1}^{\alpha^{2^{n-1}-j+u}}$。其次，$\text{SK}_{\text{ID}}$ 是与索引 d 相关的身份 ID 的私钥，$\text{UK}_{T,R}$ 是一个时间 T 和撤销的身份集 R 的更新密钥。如果 $\text{ID} \notin R$，那么由解密密钥可以推导出时间参数：

$$
\begin{aligned}
T_0 &= e\left(g_l^{\alpha^d}, U_0\right) \cdot e\left(g_l^\beta, K_0 \prod_{j \in \text{SI}, j \neq d} g_{n-1}^{\alpha^{2^{n-1}-j+d}}\right)^{-1} \\
&= e\left(g_l^{\alpha^d}, \left(g_{n-1}^\gamma \prod_{j \in \text{SI}} g_{n-1}^{\alpha^{2^{n-1}-j}}\right)^\beta H_{n+l-1}(T)^{r_2}\right) \\
&\quad \cdot e\left(g_l^\beta, g_{n-1}^{\alpha^d \gamma} F_{n-1}(\text{ID})^{-r_1} \cdot \prod_{j \in \text{SI}, j \neq d} g_{n-1}^{\alpha^{2^{n-1}-j+d}}\right)^{-1} \\
&= e\left(g_l^\beta, g_{n-1}^{\alpha^{2^{n-1}}}\right) \cdot e\left(g_l^\beta, F_{n-1}(\text{ID})^{r_1}\right) \cdot e\left(g_l^{\alpha^d}, H_{n-1}(T)^{r_2}\right) \\
&= g_{n+l-1}^{\alpha^{2^{n-1}}\beta} F_{n+l-1}(\text{ID})^{\beta r_1} H_{n+l-1}(T)^{\alpha^d r_2}
\end{aligned}
$$

$$
T_1 = e\left(g_l^\beta, K_1\right) = e\left(g_l^\beta, g_{n-1}^{-r_1}\right) = g_{n+l-1}^{-\beta r_1}, \quad T_2 = e\left(g_l^{\alpha^d}, U_1\right) = e\left(g_l^{\alpha^d}, g_{n-1}^{-r_2}\right) = g_{n+l-1}^{-\alpha^d r_2}
$$

式中，SI 表示去掉撤销用户索引集剩下的用户索引集。接下来，通过执行重新随机化，从这些组件中正确地得出一个解密密钥。

$$
\begin{aligned}
D_0 &= T_0 F_{n+l-1}(\mathrm{ID})^{r_1'} H_{n+l-1}(T)^{r_2'} \\
&= g_{n+l-1}^{\alpha^{2^n-1}\beta} F_{n+l-1}(\mathrm{ID})^{\beta r_1} H_{n+l-1}(T)^{\alpha^d r_2} F_{n+l-1}(\mathrm{ID})^{r_1'} H_{n+l-1}(T)^{r_2'} \\
&= g_{n+l-1}^{\alpha^{2^n-1}\beta} F_{n+l-1}(\mathrm{ID})^{\beta r_1 + r_1'} H_{n+l-1}(T)^{\alpha^d r_2 + r_2'} = g_{n+l-1}^{\alpha^{2^n-1}\beta} F_{n+l-1}(\mathrm{ID})^{r_1^*} H_{n+l-1}(T)^{r_2^*}
\end{aligned}
$$

$$
D_1 = T_1 g_{n+l-1}^{-r_1'} = g_{n+l-1}^{-\beta r_1 - r_1'} = g_{n+l-1}^{-r_1^*}, \quad D_2 = T_2 g_{n+l-1}^{-r_2'} = g_{n+l-1}^{-\alpha^d r_2 - r_2'} = g_2^{-r_2^*}
$$

式中，$r_1'' = \beta r_1 + r_1'$，$r_2'' = \alpha^d r_2 + r_2'$。如果 $(\mathrm{ID} = \mathrm{ID}') \wedge (T = T')$，那么解密算法通过以下公式正确输出加密信息。

$$
\prod_{i=0}^{2} e(C_i, D_i)
$$

$$
= e\left(g_{n-1}^s, g_{n+l-1}^{\alpha^{2^n-1}\beta} F_{n+l-1}(\mathrm{ID})^{r_1^*} H_{n+l-1}(T)^{r_2^*}\right) e\left(F_{n-1}(\mathrm{ID})^s, g_{n+l-1}^{-r_1^*}\right) e\left(H_{n-1}(T)^s, g_{n+l-1}^{-r_2^*}\right)
$$

$$
= e\left(g_{n-1}^s, g_{n+l-1}^{\alpha^{2^n-1}\beta}\right) \frac{e\left(g_{n-1}^s, F_{n+l-1}(\mathrm{ID})^{r_1^*}\right) e\left(g_{n-1}^s, H_{n+l-1}(T)^{r_2^*}\right)}{e\left(F_{n-1}(\mathrm{ID})^s, g_{n+l-1}^{-r_1^*}\right) e\left(H_{n-1}(T)^s, g_{n+l-1}^{-r_2^*}\right)}
$$

$$
= e\left(g_{n-1}^s, g_{n+l-1}^{\alpha^{2^n-1}\beta}\right) = \left(g_{2n+l-2}^{\alpha^{2^n-1}\beta}\right)^s = \Omega^s
$$

2.2.5　算法安全性

定理 2.1　如果 $(\log N, N)$-cMDHE 假设成立，上述 RIBE 方案在选择明文攻击下是安全的，其中 N 是系统中的最大用户数。也就是说，对于任何 PPT 敌手 A，我们有 $\mathrm{Adv}_{\mathrm{RIBE},A}^{\mathrm{IND-sRL-CPA}}(\lambda) \leqslant \mathrm{Adv}_C^{(\log N, N)\text{-cMDHE}}$。

证明　假设存在一个敌手 A，它以不可忽略的优势攻击上述 RIBE 方案。给出一个使用敌手 A 解决 cMDHE 假设的挑战者 C、一个挑战元组 $D = \left(g_1, g_1^{a^{2^0}}, g_1^{a^{2^1}}, \cdots, g_1^{a^{2^n}}, g_l^b, g_{n-1}^c\right)$ 和 Z，其中，$Z = Z_0 = g_{2n+l-2}^{a^{2^n-1}\cdot bc}$ 或 $Z = Z_{1 \in R} G_{2n+l-2}$。敌手 A 与挑战者 C 的交互过程如下所示。

初始化：敌手 A 最初提交一个挑战身份 ID^*、一个挑战时间 T^* 和一个在时间 T^* 上的撤销身份集 R^*。对于每个 $\mathrm{ID} \in \{\mathrm{ID}^*\} \bigcup R^*$，选择一个具有汉明权重 l 的索引 $d \in \mathbb{N}$，使 $(-, d) \notin \mathrm{ST}$，并将 (ID, d) 加入 ST。$\mathrm{RI}^* \in \mathbb{N}$ 是 R^* 在时间 T^* 上的撤销索引集，是在时间 T^* 上的非撤销索引集，使得 $\mathrm{SI}^* = \mathbb{N} \setminus \mathrm{RI}^*$。

系统建立：挑战者 C 选择随机指数 $f_0', \{f_{i,j}'\}_{1 \leqslant i \leqslant l_1, j \in \{0,1\}}, h_0', \{h_{i,j}'\}_{1 \leqslant i \leqslant l_2, j \in \{0,1\}}, \theta \in Z_p$

令 $\alpha = a$, $\beta = b$, $\gamma = \theta - \sum_{j \in \mathrm{SI}^*} a^{2^n-1-j}$，并将公开公共参数

$$\mathrm{PP} = \left\{ g^{\alpha^i} = g_1^{a^{2^i}} \right\}_{0 \leqslant i \leqslant n}, \quad g_l^{\beta} = g_l^{b}$$

$$\boldsymbol{f}_{n-1} = \left(f_{n-1,0} = g_{n-1}^{f_0'} \left(\prod_{i=1}^{l_1} f_{n-1,i,\mathrm{ID}^*[i]} \right)^{-1}, \left\{ f_{n-1,i,j} = \left(g_{n-1}^{a^{2^n-2}} \right)^{f_{i,j}'} \right\}_{1 \leqslant i \leqslant l_1, j \in \{0,1\}} \right)$$

$$\boldsymbol{h}_{n-1} = \left(h_{n-1,0} = g_{n-1}^{h_0'} \left(\prod_{i=1}^{l_2} h_{n-1,i,T^*[i]} \right)^{-1}, \left\{ h_{n-1,i,j} = \left(g_{n-1}^{b} \right)^{h_{i,j}'} \right\}_{1 \leqslant i \leqslant l_2, j \in \{0,1\}} \right)$$

$$\Omega = e\left(e\left(g_1^{\alpha}, g_{n-1}^{a^{2^n-2}} \right), g_l^b, g_{n-2} \right) = g_{2n+l-2}^{a^{2^n-1}b}$$

为了简化符号，本节定义 $\Delta \mathrm{ID} = \sum_{i=1}^{l_1} \left(f_{i,\mathrm{ID}[i]}', f_{i,\mathrm{ID}^*[i]}' \right)$，$\quad \Delta T = \sum_{i=1}^{l_2} \left(h_{i,T[i]}', f_{i,T^*[i]}' \right)$。

从上述参数定义可以看出，如果 $\mathrm{ID} \neq \mathrm{ID}^*$，那么 $\Delta \mathrm{ID} \neq 0 \bmod p$，因为此时至少存在一个索引 i，使得 $f_{i,\mathrm{ID}[i]} \neq f_{i,\mathrm{ID}^*[j]}'$，其中 $\{f_{i,j}'\}$ 是随机选择的。此外，如果 $T \neq T^*$，那么 $\Delta T \neq 0 \bmod p$。

阶段 1：敌手 A 可以发起私钥生成、密钥更新等询问。如果这是一个身份 ID 的私钥询问，那么挑战者 C 执行如下过程。

$\mathrm{ID} \in R^*$ 时：首先从 SI 检索一个元组 (ID, d)，其中索引 d 与 ID 相关。请注意，元组 (ID, d) 是存在的，因为 R^* 中的所有身份都在初始化步骤中被添加到 SI 中。其次，选择随机指数 $r_1 \in Z_p$ 并计算用户私钥 $\mathrm{SK_{ID}} = K_0 = \left(g_{n-1}^{a^d} \right)^{\theta} \left(\prod_{j \in \mathrm{SI}^*} g_{n-1}^{a^{2^n-1-j+d}} \right)^{-1}$ $F_{n-1}(\mathrm{ID})^{-r_1}$, $K_1 = g_{n-1}^{-r_1}$。

$\mathrm{ID} \notin R^*$ 时：在这种情况下，本节从定义 2.2 的限制中得到 $\mathrm{ID} \neq \mathrm{ID}^*$。首先选择一个索引 $d \in N$，使 $(-, d) \notin \mathrm{ST}$，并将 (ID, d) 加入 ST。其次，选择一个随机指数 $R_1' \in Z_p$，并通过隐式设置 $r_1 = -a / \Delta \mathrm{ID} + r_1'$ 创建一个私钥 $\mathrm{SK_{ID}}$：

$$K_0 = g_{n-1}^{a^d \theta} \prod_{j \in \mathrm{SI}^* \setminus \{d\}} g_{n-1}^{-a^{2^n-1-j+d}} \left(g_{n-1}^{a} \right)^{f_0'/\Delta \mathrm{ID}} F_{n-1}(\mathrm{ID})^{-r_1'}, \quad K_1 = \left(g_{n-1}^{a} \right)^{-1/\Delta \mathrm{ID}} g_{n-1}^{r_1'}$$

如果这是一个时间 T 的更新密钥询问，那么挑战者 C 就从 RL 的时间 T 上定义了一个被撤销的身份集 R，并进行如下操作。

$T \neq T^*$ 时：首先，通过参数 ST 设置被撤销身份集 R 的索引集 RI。其次，令 $\mathrm{SI} = N \setminus \mathrm{RI}$。然后，选择一个随机数 $R_2' \in Z_p$，并计算 $r_2 = -\left(-\sum_{j \in \mathrm{SI}^* \setminus \mathrm{SI}} a^{2^n-1-j} + \sum_{j \in \mathrm{SI} \setminus \mathrm{SI}^*} a^{2^n-1-j} \right) / \Delta T + r_2'$。最后，计算更新密钥 $\mathrm{UK}_{T,R}$。

$$U_0 = \left(g_{n-1}^b\right)^\theta \left(\prod_{j \in \mathrm{SI}^* \backslash \mathrm{SI}} g_{n-1}^{-a^{2^n-1-j}} \prod_{j \in \mathrm{SI} \backslash \mathrm{SI}^*} g_{n-1}^{a^{2^n-1-j}}\right)^{-h_0'/\Delta T} H_{n-1}(T)^{r_2'}$$

$$U_1 = \left(\prod_{j \in \mathrm{SI}^* \backslash \mathrm{SI}} g_{n-1}^{-a^{2^n-1-j}} \prod_{j \in \mathrm{SI} \backslash \mathrm{SI}^*} g_{n-1}^{a^{2^n-1-j}}\right)^{-1/\Delta T} g_{n-1}^{r_2'}$$

在这种情况下 $R = R^*$。对于所有 $\mathrm{ID} \in R^*$，如果对任意 $T' \leqslant T^*$，都有 $(\mathrm{ID}, T') \notin \mathrm{RL}$，那么将 (ID, T^*) 添加到撤销列表 RL 中。选择一个随机数 $r_2 \in Z_p$，并计算一个更新密钥 $\mathrm{UK}_{T,R} = \left(U_0 = \left(g_{n-1}^b\right)^\theta H_{n-1}(T^*)^{r_2}, U_1 = g_{n-1}^{-r_2}\right)$。

如果这是一个身份 ID 和时间 T 的解密密钥询问，那么挑战者 C 执行如下过程。

$\mathrm{ID} \neq \mathrm{ID}^*$ 时：如果 $(\mathrm{ID}, -) \notin \mathrm{ST}$，那么选择一个索引 $d \in N$，使 $(-, d) \notin \mathrm{ST}$，并将 (ID, d) 加入 ST。选择随机指数 $r_1^1, r_2 \in Z_p$，令 $r_1 = (-a/\Delta\mathrm{ID} + r_1')$ 并计算解密密钥：

$$D_0 = e\left(\left(g_{n-1}^a\right)^{-f_0'/\Delta\mathrm{ID}} F_{n-1}(\mathrm{ID})^{r_1'}, g_l^b\right) H_{n+l-1}(T)^{r_2}$$

$$D_1 = e\left(\left(g_{n-1}^a\right)^{-1/\Delta\mathrm{ID}} g_{n-1}^{r_1'}, g_l^b\right), \quad D_2 = g_{n+l-1}^{r_2}$$

$\mathrm{ID} = \mathrm{ID}^*$ 时：通过前述参数设置可知 $T \neq T^*$。选择两个随机数 $r_1, r_2 \in Z_p$，令 $r_2 = (-a/\Delta T + r_2')a^{2^n-2}$ 并计算解密密钥：

$$D_0 = e\left(\left(g_l^a\right)^{-h_0'/\Delta T} H_l(T)^{r_2'}, g_{n-1}^{a^{2^n-2}}\right) F_{n+l-1}(\mathrm{ID})^{r_1}, \quad D_1 = g_{n+l-1}^{r_1}$$

$$D_2 = e\left(\left(g_l^a\right)^{-1/\Delta T} g_l^{r_2'}, g_{n-1}^{a^{2^n-2}}\right)$$

挑战：敌手 A 提交两个挑战信息 M_0^*、M_1^*。挑战者 C 随机选择一个随机位 $\delta \in \{0,1\}$，令 $s = c$ 并计算挑战密文 $\mathrm{CT}^* = C = ZM_\delta^*, C_0 = g_{n-1}^c, C_1 = \left(g_{n-1}^c\right)^{f_0'}, \quad C_2 = \left(g_{n-1}^c\right)^{h_0'}$。

阶段 2：与阶段 1 相同。

猜测：最后，敌手 A 输出一个猜测 $\delta' \in \{0,1\}$。如果 $\delta = \delta'$，那么挑战者 C 输出 0，否则输出 1。

从上述证明容易看出证明模拟的分布是正确的，从而定理得证。

2.3　基于多线性映射的广播加密算法

广播作为数据传输的重要方式，在有线电视、卫星通信、移动通信、计算机通信中有着广泛的应用。广播加密继承了广播中"一对多"的数据传输形式，是一种在不安全的信道中向指数量级用户发送密态数据的密码技术，指定授权集合中的用户可以恢复出加密密钥，进而完成密态数据转换。即使全部非授权用户贡献出用户密钥，也无法通过获得广播数据加密密钥，该广播加密方案被认为能够抵抗完全合谋攻击。

广播加密似乎是多线性映射最有趣的应用。广播加密涉及一个广播者和 n 个接收者。每个接收者都有一个唯一的私钥，这个广播者被给予广播者密钥。广播者希望向特定子集 S 广播消息。集合 S 中的任何接收者都应该能够使用其私钥来解密广播密文。然而，即使集合 S 之外的所有接收者串通，他们也不能解密广播密文。更准确地说，广播加密算法由如下概率多项式时间算法组成。

2.3.1　算法定义

广播加密算法包含如下 3 个步骤。

系统建立 Setup(n,λ)：该步骤以用户总数 n 和系统安全参数 λ 为输入，输出结果为接收者私钥 $d_1,\cdots,d_n$，以及发送者的密钥 T。

加密 Enc(S,T)：该步骤以授权集合 $S\subseteq\{1,2,\cdots,n\}$ 和公钥为输入，输出结果为（Hdr，K），其中，Hdr 称为头文件，K 为消息加密密钥。消息 M 利用对称加密方案在密钥 K 作用下加密为密文 C，最后广播密文为（S，Hdr，C）。

解密 Dec$(S,d_i,$Hdr$)$：该步骤需要输入授权集合 S、用户私钥 d_i，以及密文头文件 Hdr。如果 $i\in S$，那么输出消息加密密钥 K；否则，输出 $\perp$。最后，用户 i 利用密钥 K 解密 C 获取广播消息 M。

2.3.2　安全模型

广播加密方案的安全性可以根据攻击模型定义分为两种类型：静态安全性与自适应安全性，满足上述两种安全性的方案均能够抵抗完全合谋攻击。在静态安全模型中，攻击者在知晓系统公钥前需公布挑战的授权集合，而自适应安全模型中则没有类似限制，实现自适应安全性往往需要牺牲部分加解密效率，同时需要大幅度地提升参数扩展量。实时数据广播加密系统是目前广播加密最为广阔的应用方向，如何提升其加解密效率与降低参数扩展量是亟待解决的关键问题。

敌手 A 被允许适应性地询问挑战集合 S^* 外的用户私钥，意味着敌手能够掌握除挑战集合 S^* 外的所有用户私钥，因此隐式地模拟了完全合谋攻击。具体的广播加密体制的安全模型定义如下所示。

初始化 Init：敌手 A 公开想要挑战的目标用户集合 S^*。

系统建立 Setup：挑战者运行初始化算法 Setup(n, λ)，并将算法输出的系统公开信息发送给敌手 A。

密钥询问 Secret Key Queries：敌手 A 被赋予询问用户私钥的权利，如果被询问用户 $i \in S^*$，挑战者立即终止该实验；否则，挑战者运行密钥生成算法生成用户密钥，并将该密钥发送给敌手 A。当敌手 A 重复询问用户 i 的密钥时，挑战者不再运行密钥生成算法，直接将已生成的用户密钥发送给敌手 A。

挑战 Challenge：挑战者运行加密算法 Enc(S, T)，得到头文件 Hdr^* 和相应的消息加密密钥 K_0^*。随后挑战者在密钥空间中随机选取密钥 K_1^* 及比特 $b \in \{0, 1\}$，并将（Hdr^*, K_b^*）发送给敌手 A。敌手 A 获取（Hdr^*, K_b^*）后被允许继续询问挑战集合 S^* 外的用户密钥。

猜测 Guess：如果挑战者在密钥询问阶段没有终止实验，那么敌手 A 需要返回对比特 b 的猜测 $b' \in \{0, 1\}$。

如果敌手 A 在猜测阶段返回的猜测 b' 与挑战者在挑战阶段随机选取的比特 b 一致，那么意味着敌手 A 赢得了该实验，并攻破了广播加密算法。

对于任意多项式时间敌手 A，令其赢得上述广播加密算法游戏的优势为 $\text{Adv}_{\text{BE}, A}^{\text{IND-CPA}}(\lambda) = \left| \Pr[b = b'] - \frac{1}{2} \right|$。如果 $\text{Adv}_{\text{BE}, A}^{\text{IND-CPA}}(\lambda)$ 是一个关于安全参数 λ 的可忽略的函数，那么称广播加密算法是安全的。

2.3.3　算法构造

使用多线性映射可以构造一个在私钥大小和报头大小方面是有效的广播加密算法。设 MulGen($1^\lambda, n$) 是一个多线性映射生成器，n 是接收机的预期数量，(T, g, ℓ) 是 MulGen($1^\lambda, n$) 的输出。这里要求群 G_1 的阶数足够大，使离散对数是困难的。

本节固定一个函数 $F_{m,T} : \{0,1\}^m \to G_1^n$，称 $\{0,1\}^m$ 为种子空间。我们需要 $m = m(t)$ 作为安全参数 t 的函数。函数 $m(t)$ 将会在后面具体定义。

给定种子 $a \in \{0,1\}^m$，集合 $S \subseteq \{1, 2, \cdots, n\}$，以及 $g \in G_1$，本节定义一个辅助函数 $\varphi : \{1, 2, \cdots, n\} \to G_1$，如果 $i \in S$，那么 $\varphi(i) = g_i$；否则 $\varphi(i) = g$。基于多线性映射的广播加密方案如下所示。

系统建立 Setup(n, λ)：首先，运行 MulGen($1^\lambda, n$) 算法，生成参数 (T, g, ℓ)。其次，选择一个随机的 $\alpha \in [1, \ell - 1]$，然后，选择一个随机种子 $a \in \{0,1\}^m$，最后，计算 $F_{m,T}(a)$。发送者密钥 $T = (g, a, \alpha)$，第 i 个用户的解密密钥 $d_i = (i, g, a, u_i)$，其中 $u_i = g_i^\alpha$。

加密 Enc(S, T)：为了同时给一个集合 S 中的所有用户发送加密数据，该步骤操作如下所示。

步骤 1：计算 $K_S = e(\varphi(1), \cdots, \varphi(n))^\alpha$。

步骤 2：输出 K_S 并将其作为消息的加密密钥。

解密 $\mathrm{Dec}(S, d_i, \mathrm{Hdr})$：为了获得解密密钥 K_S，用户 i 只需要用自己的解密密钥 d_i 进行如下计算：

$$K_S = e\big(\varphi(1), \cdots, \varphi(i-1), u_i, \varphi(i+1), \cdots, \varphi(n)\big)$$

2.3.4　算法安全性

上述广播加密方案的安全性依赖于 Diffie-Hellman 求逆假设。可以证明，如果对上述广播加密算法存在有效的攻击方法，那么可以根据该攻击方法构造挑战者来解决 Diffie-Hellman 求逆问题。在证明过程中，函数 $F_{m,T}$ 将被视作一个随机预言机。

定理 2.2　假设多线图生成器 G 满足 Diffie-Hellman 求逆假设，并假设函数 $F_{m,T}:\{0,1\}^m \to G_1^n$ 是随机预言机。那么上述的广播加密方案是安全的，只要 $m = m(t)$ 是一个对数 t 的超线性函数（如 $m(t) = (\log t)^2$）。

证明　假设有一个敌手 A 以不可忽略的概率赢得广播加密游戏，即 $\epsilon(t) = \mathrm{AdvBr}_{A,n}(t) > 1/t^c$，对于一些 $c > 0$，让 $T(t)$ 是敌手 A 的运行时间，对于一些 $d > 0$，$T(t) < t^d$。本节构建挑战者 C 来解决 Diffie-Hellman 求逆问题，其中

$$\mathrm{AdvDHinv}_{G,B,n}(t) > \epsilon(t) - \frac{T(t)}{2^{m(t)} - T(t)}$$

由于 $m(t)$ 是对数 t 的超线性函数，所以 $2^{m(t)}$ 是超多项式，因此 $\dfrac{T(t)}{2^{m(t)} - T(t)}$ 是一个可忽略的函数。由此可见，$\mathrm{AdvDHinv}_{G,B,n}(t)$ 是不可忽略的，因此挑战者 C 将违反 G 的 Diffie-Hellman 求逆假设。

我们描述一下挑战者 C。令 $(\Gamma, g) \leftarrow G(t, n)$，其中 Γ 定义了一个多线性映射 $e: G_1^n \to G_2$。在游戏开始前，挑战者 C 获得参数（Γ, g, h），其中 $h = g^b, b \in [1, l-1]$。挑战者 C 的目标是计算 $e(g, g, \cdots, g)^{1/b}$。

挑战者 C 通过调用敌手 A 来工作，具体如下所示。

$F_{m,\Gamma}$-询问。敌手 A 可以询问函数 $F_{m,\Gamma}$ 的预言机。为了回复这些询问，挑战者 C 维护一个 F 列表 $\big(a, (g_1, \cdots, g_n)\big)$，列表 F 的初始状态为空。当敌手 A 输入 a 到该预言机时，挑战者 C 检索 a 是否在列表 F 中，如果在则返回 $F_{m,\Gamma}(a) = (g_1, \cdots, g_n)$ 给敌手 A；否则，随机选取 $(g_1, \cdots, g_n) \in G_1^n$，将元素 $\big(a, (g_1, \cdots, g_n)\big)$ 添加到列表 F 中，并将 $F_{m,\Gamma}(a) = (g_1, \cdots, g_n)$ 返回给敌手 A。

步骤 1：在攻击游戏开始时，敌手 A 输出一个用户子集 $S \subseteq \{1, 2, \cdots, n\}$。挑战者 C 需要使用用户 $i \notin S$ 的所有私钥来回应，它的做法如下所示。

（1）随机挑选一个 $a \in \{0,1\}^m$。如果 a 已经作为 F 列表上某个元组的第一个条目出现，挑战者 C 输出失败并终止模拟。挑战者 C 失败。

（2）否则，挑战者 C 随机挑选 $r_1, \cdots, r_n \in \{1, \cdots, \ell\}$。对于 $i \in S$ 设置 $g_i = g^{r_i}$。对于 $i \notin S$ 设置 $g_i = h^{r_i}$。让 $(g_1, \cdots, g_n)$ 为所产生的元组。我们定义 $F_{m,\Gamma}(a) = (g_1, \cdots, g_n)$，并将元组 $(a, (g_1, \cdots, g_n))$ 附加到 F 列表中。

（3）此时 $F_{m,\Gamma}(a) = (g_1, \cdots, g_n)$。对于 $i \notin S$，定义
$$d_i = (i, \Gamma, g, a, u_i)$$
式中，$u_i = g^{r_i}$。注意，对于所有 $i \notin S$，有 $u_i = g_i^{1/b}$。这意味着私钥的集合 $\{d_i\}_{i \in S}$ 是有效和一致的。通常用于生成这些密钥的（未知）秘密 α 被定义为 $\alpha = b^{-1} \bmod \ell$。

（4）对于所有 $i \notin S$，将 d_i 交给敌手 A。

步骤 2：敌手 A 将以集合 S 的密钥作为回应，即
$$K_S = e\big(\varphi_{S,a,g}(1), \cdots, \varphi_{S,a,g}(n)\big)^{\alpha} = e\big(\varphi_{S,a,g}(1), \cdots, \varphi_{S,a,g}(n)\big)^{1/b}$$
概率至少为 $\epsilon(t)$。根据定义，有
$$K_S = e(g, g, \cdots, g)^{b^{-1} \prod_{i \in S} r_i}$$

步骤 3：设 $c = \left(\prod_{i \in S} r_i\right)^{-1} \pmod{\ell}$。那么 $(K_S)^c = e(g, g, \cdots, g)^{1/b}$。因此，通过计算 K_S^c，挑战者 C 获得了它被要求计算的值。

如果（1）在步骤 1 中没有中止，（2）在步骤 2 中收到敌手 A 的正确答案，那么挑战者 C 将产生正确的答案。根据敌手 A 的定义，我们知道（2）发生的概率至少为 $\epsilon(t)$。为了（1）的概率，首先观察敌手 A 在步骤 1 之前对函数 $F_{m,\Gamma}$ 最多进行了 $T(t)$ 次询问。如果挑战者 C 在步骤 1 中随机选取一个 $a \in \{0,1\}^m$，恰好与敌手 A 的一个询问相同，那么挑战者 C 将在步骤 1 中中止。考虑到前 $i-1$ 个询问是不同的且不等于 a，敌手 A 的第 i 个询问等于 a 的概率最多为 $\dfrac{1}{2^m - i}$。因此，只要 $T(t) < 2^m$，挑战者 C 在步骤 1 中中止的概率最多就是
$$\frac{1}{2^m} + \frac{1}{2^m - 1} + \cdots + \frac{1}{2^m - T(t) + 1} < \frac{T(t)}{2^m - T(t)}.$$

因此，按照要求
$$\text{AdvDHinv}_{G,B,n}(t) = \Pr[(1) \text{ and } (2)] \geqslant \Pr[(2)] - \Pr[\neg(1)] \geqslant \epsilon(t) - \frac{T(t)}{2^m - T(t)}$$
即可证明前述方案的安全性。

2.4 本 章 小 结

本章基于多线性映射构造了几个公钥加密方案，具体包括可撤销的基于身份

加密方案和广播加密方案。基于传统的双线性映射等代数工具，构造这些类型的公钥加密算法一般比较困难。然而，在多线性映射基础上，则较为容易实现。通过这两个例子也可以很容易地看出多线性映射在构造公钥密码算法的领域中是非常好用的。

　　需要强调的是，基于多线性映射的公钥密码方案尽管结构简单易理解，但这并不意味着其效率就高。事实上，恰恰相反，受限于现有多线性映射的实现困难，目前安全的多线性映射效率很低。因此，在现有多线性映射方案实现基础上，基于该代数结构的密码算法更多的是提供理论上的构造思路与方法，这些算法的可用性还得依赖多线性映射的高效实现。

第3章 基于多线性映射的数字签名算法

3.1 引　言

　　数字签名是一种以数字化形式给一个消息签名的算法，只有信息发送者（拥有私钥 sk）才能产生别人无法伪造的一段数字串，这段数字串同时也是对发送者发送信息真实性的一个有效证明。数字签名算法的功能与手写签名类似，不过数字签名算法基于密码技术实现，用于鉴别数字信息的真实性、有效性等。一个数字签名算法通常定义两个互补的运算，一个用于签名生成，另一个用于签名验证。数字签名这一概念来源于 Diffie 和 Hellman[5]的密码学新方向论文。

　　简单地说，数字签名就是附加在数据单元上的一些数据，或是对数据单元所做的密码变换。这种数据或变换允许数据单元的接收者用于确认数据单元的来源和数据单元的完整性并保护数据，防止被人伪造。它是对电子形式的消息进行签名的一种算法，一个签名消息能在一个通信网络中传输。一般数字签名体制包括3 个步骤，即系统初始化、签名生成和签名验证。在系统初始化算法中，产生数字签名体制用到的所有参数，包括签名者的公私钥对(pk, sk)。在签名生成算法中，签名者用私钥对消息进行计算产生一个签名结果。在签名验证算法中，验证者输入签名者公钥、消息及签名结果验证签名的有效性。

3.1.1　算法定义

　　一般地，数字签名算法由初始化、签名与验证 3 个步骤组成。

　　初始化 $\text{Setup}(1^{\lambda})$：输入安全参数 λ、输出系统公开系统参数 pp 和用户的公私钥对(pk, sk)。

　　签名 $\text{Sign}(\text{sk}, m)$：签名者输入私钥 sk 及消息 m，输出一个签名结果 σ。

　　验证 $\text{Verify}(\text{pk}, m, \sigma)$：验证者输入签名者的公钥 pk、消息 m 和签名结果 σ，如果签名是有效的，那么算法输出 1，表示签名有效并接受该签名。否则，输出 0 并拒绝该签名。

　　签名方案的正确性要求正确执行签名算法得到的签名应该是有效的。也就是说，对于任意的安全参数 $\lambda \in N$，系统参数及公私钥对$(\text{pp, pk, sk}) \leftarrow \text{Setup}(1^{\lambda})$，签名 $\sigma \leftarrow \text{Sign}(\text{sk}, m)$，都有 $\text{Verify}(\text{pk}, m, \sigma) = 1$。

3.1.2　安全模型

目前，数字签名体制普遍采用的安全概念是抗适应性选择消息攻击下的存在性不可伪造性（existential unforgeability against adaptive chosen-message attacks，EU-CMA）[40]。这一安全性由游戏定义，该游戏由一个 PPT 敌手 A 与挑战者 C 共同完成，具体过程如下所示。

初始化：挑战者运行初始化与密钥生成算法以生成系统公开参数 pp 与挑战公私钥对（sk^*，pk^*）。随后将系统公开参数 pp 与公钥 pk^* 发给敌手 A。

签名询问：敌手 A 可以适应性地发起签名询问，在该询问过程中，敌手 A 发送消息 m_i 给挑战者。作为回应，挑战者返回 $\sigma_i \leftarrow \text{Sign}(sk^*, m_i)$ 给敌手。我们假设敌手最多发起 q 次签名询问。

伪造输出：敌手 A 输出一个伪造签名（m^*, σ^*）。若敌手没有用 m^* 进行签名询问，且伪造签名是有效的，即 $\text{Verify}(pk^*, m^*, \sigma^*) = 1$，则称敌手赢得了这一游戏。

我们记一个 PPT 敌手 A 赢得上述游戏的优势为 $\text{Adv}_A^{\text{EU-CMA}}$。如果任意 PPT 敌手 A 都不能以不可忽略的优势赢得上述游戏，即对任意 PPT 敌手 A，$\text{Adv}_A^{\text{EU-CMA}}$ 可以忽略，则称该签名方案具有 EU-CMA 安全性。

此外，还可以定义一个弱化的 EU-CMA 安全概念，即在选择消息攻击下的存在性不可伪造性（existential unforgeability against selective chosen-message attacks，EU-sCMA）。在这一安全定义游戏中，要求敌手在初始化之前选定其将要伪造的消息 m^*，随后敌手不能输入 m^* 进行签名询问。很明显，选择性安全模型在现实中有一定的局限性，但是选择性安全的密码算法构造相对更容易一些，并且选择性安全的密码算法也能为 EU-CMA 安全的数字签名方案提供理论参考。

如果任意 PPT 敌手 A 都不能以不可忽略的优势赢得选择性安全游戏，那么称该签名方案具有 EU-sCMA 安全性。

除了普通的数字签名体制，随着不同应用场景需求，业内衍生出多种具有不同性质的特殊数字签名体制，如盲签名[41]、代理签名[42]、群签名[43]、属性签名[44, 45]、不可否认签名[46]、门限签名[47]、具有消息恢复功能的签名[48]等，它们都与具体应用环境密切相关，为不同应用场景提供不同功能的认证性质。

3.2　基于多线性映射的 BLS 签名体制

Boneh 等[12]于 2001 年利用双线性映射构造了一个短签名体制，简记为 BLS（Boneh-Lynn-Shacham）签名体制，该签名体制的安全性依赖于随机预言模型假设。

随后，由于其效率高、结构简洁，BLS 签名算法被广泛使用，并作为基础组件用于其他密码体制的构造，其中最著名的应用是作为基于身份加密方案（identity-based encryption，IBE）的密钥生成算法[11]。此外，Boldyreva[49]利用该签名体制构造了门限签名体制、多签名体制和盲签名体制，这些密码算法的安全性均需依赖于随机预言模型假设。

本节讨论基于多线性映射的 BLS 签名算法。由于已有的多线性映射候选算法效率偏低，因此基于多线性映射的 BLS 签名效率也偏低，但是其安全性不需要依赖于随机预言模型，对签名算法在标准模型下的构造具有理论指导意义。在 CRYPTO 2013 会议中，有两篇文章都考虑过基于多线性映射的 BLS 签名算法，其中 Freire 等[23]利用多线性映射实现了可编程 Hash 函数，并构造了基于多线性映射的基于身份的加密、BLS 签名、SOK（Sakai-Ohgishi-Kasahara）非交互式密钥交换协议。Hohenberger 等[20]利用多线性 BLS 体制构造了一个支持无限聚合的聚合签名算法，并证明了所提算法的自适应性安全性，事实上该证明蕴含了多线性 BLS 签名体制的自适应性安全性。但他们的证明需要基于一个新的很强的困难问题假设。

Tang 和 Huang[50]利用可容许 Hash 函数（admissible Hash function）技术，基于一个较弱的困难问题假设，即 MCDH 假设，证明多线性 BLS 签名体制的自适应性安全性。

3.2.1　算法构造

多线性 BLS 签名体制构造如下所示。

初始化 Setup$(1^\lambda, \ell)$：输入安全参数 λ 及消息比特长度 ℓ 并运行该算法以生成系统公开参数 pp。首先运行 mp $=(G_1, \cdots, G_k, p, g, \cdots, g_k, e_{i,j}) \leftarrow$ MulGen$(1^\lambda, k = \ell + 1)$。随后随机选择 2ℓ 个整数 $\left((a_{1,0}, a_{1,1}), \cdots, (a_{\ell,0}, a_{\ell,1})\right) \leftarrow Z_{p^2}$ 并计算 $A_{i,\beta} = g^{a_{i,\beta}} \in G_1$，其中 $i \in \ell, \beta \in \{0,1\}$。系统公开参数 pp 包括多线性群描述 mp 及群元素 $\left((a_{1,0}, a_{1,1}), \cdots, (a_{\ell,0}, a_{\ell,1})\right)$。每个用户随机选择 $x \in Z_p$ 作为其私钥 sk，对应的公钥 pk $= g^x \in G_1$。

签名 Sign(sk, m)：令消息长度为 ℓ，$m = m_1 m_2 \cdots m_\ell$ 表示消息的比特描述。签名者计算签名 $\sigma = e\left(A_{1,m_1}, \cdots, A_{\ell,m_\ell}\right)^x = \left(g_{k-1}^{\prod_{i=1}^{\ell} a_{i,m_i}}\right)^x \in G_{k-1}$。事实上，在基于双线性映射的 BLS 签名体制中，签名结果为 $\sigma = H(m)^x$，其中 $H(\cdot)$ 是一个抗碰撞 Hash 函数，在安全性证明过程中，该函数将被理想化为一个随机预言机使用。在多线性 BLS 签名体制中，$H(m)$ 可以定义为 $e\left(A_{1,m_1}, \cdots, A_{\ell,m_\ell}\right)$，该值可以利用层级的多线性映射迭代计算得到。

验证 Verify(pk, m, σ)：输入公钥 pk、消息 m 和签名 σ，检查等式 $e(\sigma, g) = e\left(A_{1,m_1}, \cdots, A_{\ell,m_\ell}, \text{pk}\right)$。若成立则输出 1；否则输出 0。

多线性 BLS 签名体制的正确性很容易验证，因为 $e(\sigma, g) = e\left(e\left(A_{1,m_1}, \cdots, A_{\ell,m_\ell}\right)^x, g\right) = e\left(A_{1,m_1}, \cdots, A_{\ell,m_\ell}, \text{pk}\right)$。

3.2.2　选择性安全性

本节证明多线性 BLS 签名体制的选择性安全性。

定理 3.1　如果 $(l+1)$-MCDH 问题是困难的，那么多线性 BLS 签名算法是选择性安全的。

证明　我们证明如果存在一个 PPT 敌手 A 能以不可忽略的优势 ϵ 打破多线性 BLS 签名体制的选择性安全性，那么存在一个有效的挑战者 C 以相同的优势打破 k-MCDH 困难假设。根据 EU-sCMA 安全性定义，在游戏开始前，敌手 A 指定将要挑战的消息 $m^* \in \{0,1\}^\ell$ 并将其发送给挑战者 C。与此同时，挑战者 C 拿到 k-MCDH 困难问题实例 $\left(\text{mp}, g^{c_1}, \cdots, g^{c_k}\right)$。随后挑战者 C 与敌手 A 完成如下游戏。

初始化：挑战者 C 设置挑战公钥为 $\text{pk}^* = g^{c_k}$，随后选择 ℓ 个随机数 $a_1, \cdots, a_\ell \in Z_p$ 并计算 $A_{i,m_i^*} = g^{c_i}$，$A_{i,\overline{m_i^*}} = g^{a_i}$，其中 $i \in \ell$。最后，挑战者 C 将公开参数发给敌手 A。

签名询问：敌手 A 输入用于签名询问的消息 $m \neq m^*$，假定 $m_\gamma \neq m_\gamma^*$，其中 m_γ 与 m_γ^* 分别是消息 m 和 m^* 的第 γ 位信息，B 计算签名 $\sigma = e\left(A_{1,m_1}, \cdots, A_{\gamma-1,m_{\gamma-1}}, A_{\gamma+1,m_{\gamma+1}}, \cdots, A_{\ell,m_\ell}, \text{pk}^*\right)^{a_\gamma}$。

伪造输出：当敌手 A 输出一个关于挑战公钥 pk^* 及挑战消息 m^* 的伪造签名 σ^* 时，挑战者 C 直接输出 σ^* 作为 k-MCDH 困难问题挑战实例的解。如果敌手的该伪造是有效的，根据公开参数的设置可知 $\sigma^* = g_{k-1}^{\prod_{i \in [k]} c_i}$，即 σ^* 是给定挑战实例的正确回答。因此，如果敌手 A 能打破多线性 BLS 签名体制的安全性，那么存在挑战者 C 能攻破 k-MCDH 假设。

3.2.3　自适应性安全性

本节证明多线性 BLS 签名体制的自适应性安全性。事实上，Hohenberger 等[20]提出的基于多线性映射的聚合签名的适应性安全性蕴含了这一结果。Hohenberger

等[20]基于一个新的很强的假设证明了多线性 BLS 签名的自适应性安全性。这里我们基于标准的 MCDH 假设并利用可容许 Hash 函数（admissible Hash functions，AHF）技术证明多线性 BLS 签名体制的自适应性安全性。

令敌手发起询问的次数为 q，一个可容许 Hash 函数 H 能以 $1/\theta(q)$ 的概率将消息空间分为两个子集，并满足：敌手的询问消息 m_i 将会落入其中一个子集，而挑战消息 m^* 则落入另外一个子集。在询问消息 m_i 所在的子集中，挑战者可以回答敌手的询问，而对于挑战消息 m^* 所在的子集中，挑战者可以嵌入困难问题实例，从而实现密码算法的可证明安全性。为了便于描述，我们用多项式 $s(\lambda)$ 表示消息长度。函数 $H:\{0,1\}^{s(\lambda)} \to \{0,1\}^{\ell(\lambda)}$ 将消息映射为长度为 $\ell(\lambda)$ 长的比特串。

定义 3.1　假设 s、ℓ 与 θ 是可高效计算的多项式。如果下述性质成立则称一个可计算的函数 $H:\{0,1\}^{s(\lambda)} \to \{0,1\}^{\ell(\lambda)}$ 与一个有效的随机采样算法 Sample 是 θ-可容许的。

对于任意 $u \in \{0,1,\bot\}^{\ell}$，定义函数 $P_u:\{0,1\}^s \to \{0,1\}$ 为：当且仅当对于任意 i，都有 $H(X)_i \neq u_i$ 时，$P_u(X)=0$，否则（即存在 i，使得 $H(X)_i = u_i$），$P_u(X)=1$。

对于任意可高效计算的多项式 $q(\lambda)$ 及任意的 $X_1, X_2, \cdots, X_q, Z \in \{0,1\}^s$，其中 $Z \notin \{X_i\}$，都有 $\Pr\left[P_u(X_1) = P_u(X_2) = \cdots = P_u(X_q) = 1 \wedge P_u(Z) = 0\right] \geqslant 1/\theta(q)$。

上述概率取决于算法 $u \leftarrow \text{Sample}(1^{\lambda}, q)$ 的随机性。

定理 3.2　对于任意多项式 s, ℓ 都存在一个 θ-可容许 Hash 函数，该函数将长度为 s 的比特串映射为长度为 ℓ 的比特串。

本节修改多线性 BLS 签名体制，将原 BLS 签名体制中的消息 m 替换为 $H(m)$，其中 H 是一个可容许 Hash 函数。

定理 3.3　如果 H 是一个 θ-可容许 Hash 函数且 k-MCDH 问题在多线性群中是困难的，那么带可容许 Hash 函数的多线性 BLS 签名算法具有自适应性安全性。

证明　我们证明如果存在一个 PPT 敌手 A 能以优势 ϵ 打破带可容许 Hash 函数的多线性 BLS 签名体制的安全性，那么存在挑战者 C 能以优势 $\epsilon' \geqslant \epsilon/\theta(q)$ 打破 k-MCDH 假设。挑战者 C 拿到 k-MCDH 问题挑战实例 $\left(g^{c_1}, \cdots, g^{c_k}\right)$ 及多线性映射参数 mp，随后与敌手 A 交互完成安全游戏。挑战者 C 的目的是计算出 $g_{k-1}^{\prod_{i \in [k]} c_i}$。

证明由一系列游戏组成。首先，证明任意 PPT 敌手 A 在每两个连续游戏中的优势是可忽略接近的。其次，证明任意 PPT 敌手 A 在最后一个游戏世界中的优势是可忽略的，否则，可以利用该敌手 A 打破 k-MCDH 假设。

游戏 Game_0：该游戏对应于真实的 EU-CMA 游戏定义。具体如下所示。

初始化（setup）：首先，挑战者 C 运行群元素生成算法 $\text{MulGen}(1^{\lambda}, k)$ 以生成多线性群参数 mp，其次，随机选择一个整数 $x \in Z_p$ 作为挑战私钥，对应的挑

战公钥为 $pk^* = g^x$。此外，挑战者 C 还从 Z_p 中随机选择 $(a_{1,0}, a_{1,1}), \cdots, (a_{\ell,0}, a_{\ell,1})$，并计算相应的参数 $A_{i,\beta} = g^{a_{i,\beta}}$，$i \in [\ell]$，$\beta \in \{0,1\}$。最后，挑战者 C 设置 $pp = (mp, \{A_{i,\beta} \mid i \in [\ell], \beta \in \{0,1\}\})$，并将 pp 与 pk^* 发给敌手 A。

签名询问：敌手 A 可适应性地进行最多 q 次签名询问 $m_1, \cdots, m_q$。在敌手 A 的第 i 次询问，敌手 A 将会得到对应的签名 $e\left(A_{1,m_{i,1}}, \cdots, A_{\ell,m_{i,\ell}}\right)^x$。

伪造输出：敌手 A 输出一个关于挑战公钥 pk^* 与消息 m^* 的伪造签名 σ^*。若 $\text{Verify}(pk^*, m^*, \sigma^*) = 1$ 且 $m^* \neq m_i$，$i \in [q]$，则称敌手赢得了该游戏。

游戏 Game_1：在该游戏世界中，挑战者 C 运行算法 $u \leftarrow \text{Sample}(1^\lambda, q)$ 来获得 $u \in \{0, 1, \perp\}^\ell$。游戏结束后，敌手 A 成功赢得游戏的条件修改为：输出的伪造签名是有效的，且对伪造的消息 m^* 而言满足 $P_u(m^*) = 0$，对询问的消息 m_i 而言满足 $P_u(m_i) = 1$。

游戏 Game_2：在该游戏世界中，修改上一游戏世界 Game_1 中的参数 $A_{i,\beta}$ 的生成方式。

引理 3.1　一个 PPT 敌手在游戏 Game_0 中最多进行 $q(\lambda)$ 次签名询问。如果它的优势是 ϵ，那么它在游戏 Game_1 中的优势将会至少是 ϵ / θ（q）。也就是说，如果它在游戏 Game_0 中的优势是不可忽略的，那么它在游戏 Game_1 中的优势也将会是不可忽略的。

证明　引理 3.1 可以直接从可容许 Hash 函数 H 的性质得证，因为 $u \leftarrow \text{Sample}(1^\lambda, q)$ 唯一地确定了游戏是否停机。

引理 3.2　任意 PPT 敌手在游戏 Game_2 中的优势与在游戏 Game_1 中的优势相等。

证明　两个游戏是等价的因为两个游戏世界中的元素 $A_{i,\beta}$ 的分布是统计不可区分的。

引理 3.3　如果 k-MCDH 假设成立，那么任意 PPT 敌手在游戏 Game_2 中的优势是可忽略的。

证明　如果存在 PPT 敌手在游戏 G_2 中的优势是不可忽略的，那么存在有效挑战者 C 能打破 k-MCDH 假设。挑战者 C 首先拿到 k-MCDH 问题实例 $(mp, g^{c_1}, \cdots, g^{c_k})$，其次运行 $u \leftarrow \text{Sample}(1^\lambda, q)$，然后，设置挑战密钥为 $pk^* = g^{c_k}$。所有这些步骤模拟了游戏 Game_2 中的初始化阶段。最后，挑战者 C 与敌手 A 共同完成游戏，其中系统公开参数 $pp = (mp, \{A_{i,\beta} \mid i \in [\ell], \beta \in \{0,1\}\})$，敌手挑战用户的公钥 pk^*。

敌手 A 可执行 q 次签名生成询问。令询问的消息为 m，如果 $P_u(m) = 0$，挑战者 C 失败并退出游戏；否则，$P_u(m) = 1$ 意味着至少存在一个指标 γ 使得

$H(m)_\gamma = u_\gamma$，此时挑战者 C 可以根据指数 $b_{\gamma, H(m)_\gamma}$ 模拟有效签名 $\sigma = e\left(A_{1, H(m)_1}, \cdots,\right.$

$\left.A_{\gamma-1, H(m)_{\gamma-1}}, A_{\gamma+1, H(m)_{\gamma+1}}, \cdots, A_{\ell, H(m)_\ell}, \mathrm{pk}^*\right)^{b_{\gamma, H(m)_\gamma}}$。

最后，当敌手 A 输出一个关于挑战公钥 pk^* 与消息 m^* 的伪造签名 σ^* 时，挑战者 C 首先验证其有效性。如果无效，即 $\mathrm{Verify}(\mathrm{pk}^*, m^*, \sigma^*) = 0$，挑战者 C 停机并退出游戏。否则，挑战者 C 检查 $P_u(m^*) = 1$ 是否成立。若不成立则停机并退出游戏。否则，$P_u(m^*) = 0$ 及对所有的指标 i 都满足 $H(m^*)_{i \neq u_i}$，这就意味着 $H(m^*)$ 将会是 $g_{k-1}^{\prod_{i \in [k]} c_i}$ 的某些 $b_{i,\beta}$ 的乘积次方。因此，有效的伪造签名会是 $g_{k-1}^{\prod_{i \in [k]} c_i}$ 的某些已知 $b_{i,\beta}$ 的乘积次方，从而可以通过开对应次方求出 $g_{k-1}^{\prod_{i \in [k]} c_i}$。因此，如果 σ^* 是一个有效的伪造签名，那么可以求出给定的 k-MCDH 困难问题实例的解。

通过引理 3.1～引理 3.3，我们可以得知带可容许 Hash 函数的多线性 BLS 签名体制是自适应性安全性的。

3.3　基于多线性映射的策略签名体制

Bellare 和 Fuchsbauer[51]在 PKC① 2014 会议论文中首次提出了基于策略的签名（policy-based signatures，PBS）这一概念。在一个基于策略的签名方案中，签名者拥有私钥 sk_p，其关联了一个签名策略 p，其中签名策略 p 描述了用户的权限，即当且仅当消息 m 满足了用户的签名策略 p 时，该用户才能对该消息 m 进行签名操作。策略签名算法提供了一种新的数字签名范式，且该签名方式在理论与应用两个方面均有很好的性质。理论方面，如 Bellare 和 Fuchsbauer[51]所述，策略签名能够同时描述现存的其他签名模式，意味着其他几类签名方案可以由策略签名推导得到。应用方面，策略签名提供了灵活的具有细粒度的隐私相关的认证方式，从而可以用于许多现实场景。

考虑如下应用场景：某公司发布一个签名方案，其中每个员工各自拥有一把签名密钥，而代表公司的验证公钥仅有一把，用于第三方验证签名是否是公司内部员工所签署的。在这个应用场景中，我们可以试用现有的签名算法，例如，群签名、环签名、基于属性的签名等。在这些签名方案中，验证者知道一群用户中的某个用户生成了该签名，却无法得知真实签名者的身份信息。但是，上述签名变体无法提供细粒度方式的签名权限控制，公司所有员工都可以签署所有消息，这一性质无法满足场景需求。如果采用网格签名算法，那么用户的签名策略是公开的，类似地，

---

① 指 International Conference on Practice and Theory in Public Key Cryptography。

在代理签名算法中，用户的代理策略也是公开的。在该应用场景中，我们希望外部验证者可以确信公司的某个被授权的员工签署了一个有效的签名，但是该验证者无法得知谁才是真实签名者。因此，相关的几个签名方案都不适用于该场景。

Bellare 和 Fuchsbauer[51]定义了基于任意 NP 语言 L 的策略签名方案。为了检测消息是否满足签名策略，定义一个策略检测器，该检测器是一个 NP 关系 $PC:\{0,1\}^* \times \{0,1\}^* \to \{0,1\}$。其中，第一部分输入是签名策略与消息 (p,m)，第二部分输入是一个证据 $w \in \{0,1\}^*$。关联的语言定义为 $L(p,m)=\{\exists w使得m满足p\}$，本节称此语言是关联 PC 的策略语言。给定一个证据 w，可以在多项式时间内检测给定的消息 m 是否满足给定的签名策略 p，其中 $(p,m) \in L(PC)$，或者简记为 $PC((p,m),w)=1$。Bellare 和 Fuchsbauer[51]构造了一个基于任意 NP 语言的策略签名方案。他们的方案采用了 Groth-Sahai 非交互式零知识证明系统[52]，支持任意的策略函数，唯一的条件就是给定一个证据，可以在多项式时间内判定某个消息是否满足某个给定的策略函数。

Bellare 和 Fuchsbauer[51]构造的一般性方案支持任意策略函数，因此具有很强的理论价值。但是，在现实应用中，往往需要某些特定的策略函数，如前缀复合等。需要注意的是文献[51]中的一般性构造可以描述这些特殊的策略函数，但是如何在一般性构造中实现支持特定函数类型的策略签名算法并不容易。此外，在现实应用中，本书更希望可直接检验某个策略函数是否支持某个消息，而不需要借助额外的证据。在文献[51]给出的一般性构造中，策略函数的验证与签名算法必须具有有效证据的参与。

本节构建基于 P 语言的策略签名方案。该方案意味着可以不需要任何证据参与而直接验证给定的某个策略函数是否支持某个给定的消息，或简记为 $p(m)=1$。首先，定义基于谓词的策略签名方案（即描述策略函数为某些明确的布尔谓词族）并给出相应的安全模型。其次，构造几个具体的针对不同谓词族的策略签名方案，包括前缀复合、左右复合、电路复合等。

3.3.1　算法定义

一个基于谓词的策略签名方案由如下 4 个 PPT 算法组成。

初始化 Setup(1^λ)：输入安全参数 λ、输出系统公开参数 pp 与主密钥 msk，其中系统公开参数 pp 包含消息空间 M、签名空间 S 及策略函数空间 P 等的描述。主密钥 msk 可以签署消息空间 M 中的任意消息。

密钥生成 KeyGen(msk, p)：输入主密钥 msk 与布尔谓词 $p \in P$，输出一个关于谓词 p 的签名密钥 sk_p。

签名 Sign(sk_p, m)：输入签名密钥 sk_p 与消息 $m \in M$，如果 $p(m)=1$，那么输

出一个签名 $\sigma \in S$ ，否则输出 $\perp$ 。

验证 Verify(pp, m,σ)：输入系统公开参数 pp 与一个关于消息 m 的签名 σ ，若签名有效则输出 1，表示接受该签名，否则输出 0，表示拒绝该签名。

正确性：对于任意的安全参数 $\lambda \in N$ ，(msk, pp) $\leftarrow$ Setup(1^λ)，$p \in P$，$sk_p \leftarrow$ KeyGen(msk, p)，以及消息 $m \in M$，如果 $p(m)=1$ 且 $\sigma \leftarrow$ Sign(sk_p,m)，那么 Pr[Verify(pp, m,σ)] = 1 。

3.3.2　安全模型

基于谓词的策略签名方案需要满足如下两个安全性：不可伪造性（existential unforgeability-against chosen-message attacks，EU-CMA）与隐私性，其中隐私性是相关文献所定义的不可区分性。

1. 不可伪造性

不可伪造性保证了敌手能签署消息 m 当且仅当敌手拥有密钥 sk_p 使得 $p(m)=1$ 。定义如下安全游戏。

初始化：挑战者运行系统初始化算法以生成系统公开参数 pp 与主密钥 msk，然后将 pp 发送给敌手并保存主密钥 msk。

密钥生成询问：敌手可适应性地发起多项式次密钥生成询问。敌手输入一个布尔谓词 $p \in P$ ，挑战者返回一个相应的密钥 $sk_p \leftarrow$ KeyGen(msk, p)。

签名询问：敌手可适应性地发起多项式次签名生成询问。敌手输入一个消息 $m \in M$ 。挑战者首先选择一个满足 $p(m)=1$ 的策略 $p \in P$ 并生成一个相应的密钥 sk_p ，其次计算签名 $\sigma \leftarrow$ Sign(sk_p,m)。

伪造输出：敌手输出一个伪造签名 (m^*,σ^*) ，如果该签名满足：① Pr[Verify(pp, m^*,σ^*)] = 1；②敌手没有输入 m^* 进行签名生成询问；③敌手进行过的所有密钥生成询问的策略 p 都满足 $p(m^*)=0$ ，就称该敌手赢得了上述游戏。

记一个 PPT 敌手 A 赢得上述游戏的优势为 $Adv_A^{EU-CMA} =$ Pr[敌手赢得游戏]。

如果任意 PPT 敌手赢得上述游戏的优势最多是可忽略的，那么称基于谓词的策略签名方案是 EU-CMA 安全的。

在基于 NP 语言的策略签名方案中，上述不可伪造性定义是不合适的，因为基于 NP 语言的策略签名方案需要一个有效证据 w 才能验证 (p,m) 是否属于 $L(PC)$ ，因而不能有效地验证敌手所有的密钥生成询问的策略 p 是否满足如上限制条件，进而不能有效地验证敌手是否赢得了游戏。但是，在基于 P 语言的策略签名方案中，则可以不需要借助任何证据就能验证 $P(m)$ 是否等于 1。

不可伪造性还有一个较弱定义，即选择性不可伪造性（EU-sCMA），在选择性安全游戏中，要求敌手在初始化之前就选定挑战消息 m。

如果任意 PPT 敌手赢得上述选择性游戏的优势最多是可忽略的，那么称基于谓词的策略签名方案是选择性不可伪造的。

2. 隐私性

隐私性意味着敌手无法从一个签名结果中获取关于签名者策略函数的任何信息。隐私性由如下游戏定义。

初始化：挑战者运行系统初始化算法以生成系统公开参数 pp 与主密钥 msk，随后将 pp 与 msk 发送给敌手（一般地，敌手若被允许拿到主密钥，则敌手没有必要再进行密钥生成与签名询问）。

挑战：敌手提交挑战消息 $m \in M$ 与两个不同的布尔谓词 $p_0, p_1 \in P$ 使得 $p_0(m^*) = p_1(m^*) = 1$。收到挑战后，挑战者投币以随机选择一个比特 $b \in \{0,1\}^*$ 并返回一个挑战签名 $\sigma_b \leftarrow \text{Sign}(\text{sk}_{p_b}, m^*)$，其中 sk_{p_b} 来自密钥生成算法。

猜测：敌手输出它对比特 b 的猜测值 b'。如果 $b = b'$，那么称该敌手赢得该游戏。

记一个拥有无限计算能力的敌手 A 赢得上述不可区分游戏的优势为

$$\text{Adv}_A^{\text{Privacy}} = \left| \Pr\left[b = b' - \frac{1}{2} \right] \right|。$$

如果任意拥有无限计算能力的敌手赢得上述游戏的优势都是可忽略的，那么就称基于谓词的策略签名方案具有完美隐私性。

接下来，本节利用多线性映射构造几个具体的支持不同谓词的策略签名方案并证明其安全性。

3.3.3　支持比特复合谓词的策略签名算法

令 $v \in \{0,1,\perp\}^n$ 是一个 n 维向量，比特复合谓词 $p_v^{(\text{BF})} : \{0,1\}^n \to \{0,1\}$ 定义如下所示。

$$p_v^{(\text{BF})}(m) = 1 \Leftrightarrow (v_i = m_i \text{ 或者 } v_i = \perp), \quad i = 1, 2, \cdots, n$$

比特复合谓词定义为 $P^{(\text{BF})} = \left\{ p_v^{(\text{BF})} : v \in \{0,1,\perp\}^n \right\}$。

1. 方案构造

本节构造一个支持该谓词的策略签名方案。

初始化 $\text{Setup}(1^\lambda, k)$：输入安全参数 1^λ 与一个正整数 k，生成 k 个阶数为素数 p 的群 $\boldsymbol{G} = (G_1, \cdots, G_k)$，元素 g_i 分别是群 G_i 的生成元，其中 $g = g_1$。随后，初始化

算法随机选择 $\alpha \in Z_p$ 与 $(a_{1,0}, a_{1,1}), \cdots, (a_{k-1,0}, a_{k-1,1}) \in Z_p^2$ ，并计算 $A_{i,\beta} = g^{a_{i,\beta}}$ ，其中 $i \in [k-1]$ 与 $\beta \in \{0,1\}$ 。系统主密钥 msk $= a$ 。系统公开参数 pp 包含多线性群与群元素 g^a ，消息空间 $M = \{0,1\}^{k-1}$ ，签名空间 $S = G_{k-1}$ ，谓词空间 $P = \{0,1,\perp\}^{k-1}$ 。

密钥生成 KeyGen(msk, $v \in \{0,1,\perp\}^{k-1}$)：向量 $v \in \{0,1\}^{k-1}$ ，假设 V 是向量 v 的支撑集，即该集合包含指标 $i \in [k-1]$ 使得 $v_i \neq \perp$ 。关于谓词 p_v 的密钥是 sk$_v = \left(g_{|V|}^{\prod_{i \in V} a_{i,v_i}} \right)^a \in G_{|V|}$ 。

签名 Sign(sk$_v$, $m \in \{0,1\}^k$)：给定一个长为 $k-1$ 的消息 $m = m_1, \cdots, m_{k-1}$ 。如果消息 m 不满足谓词，即 $p_v(m) = 0$ ，那么输出 $\perp$ ，否则 $p_v(m) = 1$ ，即对所有的 $i \in V$ ，$v_i \in m_i$ 签名计算如下：

$$\sigma = e\left(sk_v, g_{k-|V|-1}^{\prod_{i \in [k-1]\backslash V} a_{i,m_i}} \right) = g_{k-1}^{\alpha \prod_{i \in [k-1]} a_{i,m_i}} \in G_{k-1}$$

式中，$g_{k-|V|-1}^{\prod_{i \in [k-1]\backslash V} a_{i,m_i}}$ 可以通过参数 A_{i,m_i} ，$i \in [k-1] \backslash V$ 利用多线性映射迭代计算出来。

验证 Verify(pp, m, σ)：给定一个关于消息 m 的签名 σ ，验证等式 $e(\sigma, g) = e\left(g^a, A_{1,m_1}, \cdots, A_{k-1,m_{k-1}} \right)$ 是否成立。若成立则输出 1（接受），否则输出 0（拒绝）。

2. 方案正确性

方案正确性可以通过如下两个等式来验证：$e(\sigma, g) = e\left(\left(g_{k-1}^{\prod_{i \in [k-1]} a_{i,m_i}} \right)^a, g \right) = g_k^{\alpha \cdot \prod_{i \in [k-1]} a_{i,m_i}}$ 与 $e\left(g^a, A_{1,m_1}, \cdots, A_{k-1,m_{k-1}} \right) = g_k^{\alpha \cdot \prod_{i \in [k-1]} a_{i,m_i}}$ 。

3. 方案不可伪造性

如果存在一个 PPT 敌手 A 能打破上面的支持比特复合谓词的消息长度为 $k-1$ 的策略签名体制，那么存在有效的挑战者 C 能打破 k-MCDH 假设。挑战者 C 首先获得一个 k-MCDH 问题实例、多线性群 G 与群元素 $g = g_1, g^{c_1}, \cdots, g^{c_k}$ 。其次，挑战者 C 也从敌手那拿到挑战消息 $m^* = m_1^*, \cdots, m_{k-1}^* \in \{0,1\}^{k-1}$ 。

初始化（Setup）：挑战者 C 首先随机选择 $u_1, \cdots, u_{k-1} \in Z_p$ 并设置：

$$A_{i,\beta} = \begin{cases} g^{c_i}, & m_i^* = \beta \\ g^{u_i}, & m_i^* \neq \beta \end{cases}$$

式中，$i \in [k-1]$ ；$\beta \in \{0,1\}$ 。这意味着若 $m_i^* = \beta$ ，则有 $A_{i,\beta}$ 的指数 $a_{i,\beta} = c_i$ ，否则等于随机选择的 u_i 。注意这里的分布与原方案的真实分布是一样的，令 $a = c_k$ 。

密钥生成询问：敌手 A 将会适应性地进行多项式次密钥生成询问，敌手 A 输入一个比特复合谓词 p_v ，其中 $v \in \{0,1,\perp\}^{k-1}$ 。假定 V 是包含 $i \in [k-1]$ 的指标集，其中

$v_i = \perp$。如果 $p_v(m^*) = 1$，即对所有的 $i \in V$ 满足 $m_i^* = v_i$，那么挑战者 C 输出 $\perp$ 并退出游戏。如果 $p_v(m^*) = 0$，即 $\exists j \in [0,1] \setminus V$，使得 $m_j^* \neq v_j$，那么挑战者 C 将生成一个有效的密钥。具体地，挑战者 C 计算密钥如下：$\mathrm{sk}_v = \left(g^{c_k}, g_{k-2}^{\prod_{i \neq j \in [k-1]} a_{i,m_i}} \right)^{u_j}$。

签名询问：敌手 A 还将会适应性地进行签名生成询问，敌手 A 输入消息 m^*。假设 $m^*, j \in [k-1]$，挑战者 C 可以计算出一个有效签名 $\sigma^* = g_{k-1}^{\prod_{i \in [k]} c_i}$。

伪造输出：当敌手 A 输出一个关于消息 m^* 的伪造签名 σ^* 时，挑战者 C 直接输出 σ^* 并将其作为 k-MCDH 问题挑战实例的解。

根据初始化阶段中的公开参数的设置及假设敌手 A 的伪造 σ^* 是有效的，那么有 $\sigma^* = g_{k-1}^{\prod_{i \in [k]} c_i}$，这意味着 σ^* 就是给定的 k-MCDH 问题实例的解。因此，挑战者 C 解决了 k-MCDH 困难问题。因此只要敌手 A 能成功地伪造方案的签名，那么就能构造有效的挑战者 C 模拟打破困难假设。

4. 算法隐私性

给定一个签名 (m^*, σ^*)，需要证明任意满足 $p_v(m^*) = 1$ 的签名密钥 sk_v 都能计算出该签名。

根据签名算法的定义，任意满足 $p_{v[0]}(m^*) = p_{v[1]}(m^*) = 1$ 的两个签名策略 $v[0]$ 和 $v[1]$，由对应私钥 $\mathrm{sk}\_\{v[0]\}$ 和 $\mathrm{sk}\_\{v[1]\}$ 计算得到的签名结果都是 $g_{k-1}^{\alpha \cdot \prod_{i \in [k-1]} a_{i,m_i^*}}$。因此，任意满足 $p_v(m^*) = 1$ 的签名密钥 sk_v 都能计算关于消息 m^* 的一个同样的签名。算法隐私性因而得证。

3.3.4　支持左右复合谓词的策略签名算法

令 $w \in \{0,1\}^{|m|/2}$ 是长为 $|m|/2$ 的比特串，其中 $m \in M$ 且 $|m| = 2s$ 表示消息的规模，定义两个谓词函数 $P_w^{(L)}$、$P_w^{(R)}$：

$$P_w^{(L)}(m_1, m_2) = 1 \Leftrightarrow m_1 = w, \quad P_w^{(R)}(m_1, m_2) = 1 \Leftrightarrow m_2 = w$$

事实上左右复合谓词是比特复合谓词的一种特殊形式，因此一个支持比特复合谓词的策略签名方案直接蕴含了一个支持左右复合谓词的策略签名方案，这里省去这部分描述。

3.3.5　支持电路谓词的策略签名算法

假设 C 是一族多项式规模的电路，电路谓词定义为 $P_{\mathrm{cir}} = \{p : p \in C\}$。下面构造一个支持一般电路谓词的策略签名方案。

1. 算法构造

系统初始化 Setup$(1^\lambda, k = l + n + 1)$：输入安全参数 λ、电路支持的最大深度 l、消息长度 n（即为电路的输入规模），算法运行多线性群生成算法 Multi$(1^\lambda, k = l + n + 1)$ 以生成 k 个 p 阶群 $G = (G_1, \cdots, G_k)$，各自生成元记为 $g_1, \cdots, g_k$。随后随机选择 $\alpha \in Z_p$ 与 $(a_{1,0}, a_{1,1}), \cdots, (a_{n,0}, a_{n,1}) \in Z_p^2$ 并计算 $A_{i,\beta} = g^{a_{i,\beta}}$，$i \in [n]$，$\beta \in \{0,1\}$。系统主密钥 msk $= \alpha$。系统公开参数 pp 包含多线性群 $(G_1, \cdots, G_k)$、群元素 $\{A_{i,\beta} \mid i \in [n]$，$\beta \in \{0,1\}\}$、消息空间 $M \in \{0,1\}^n$、签名空间 $G = G_{k-1}$、多项式规模电路族的谓词空间 $P = C$。

密钥生成 KeyGen$(msk, p = (n, q, A, B, \text{Gatetype}))$：输入主密钥 msk 与一个电路 p 的描述。该电路有 $n+q$ 条线路、n 条输入线、q 个门，其中将第 $n+q$ 条线指定为电路的输出线。随机选择整数 $r_1, \cdots, r_{n+q-1} \in Z_p$，其中 $r_w (w \in [1, n+q-1])$ 关联到对应的线路 w，令 $r_{n+q} = \alpha$，然后算法对每条线路 w 生成一个密钥。线路 w 的密钥取决于 w 是输入线、OR 门，还是 AND 门。

输入线：如果 $w \in [n]$，即它是第 w 条输入线，那么密钥为 $k_w = g_2^{r_w a_{w,1}}$。

OR 门：如果 $w \in$ Gates 且 GateType$(w) = $ OR，那么密钥生成算法随机选择 $a_w, b_w \in Z_p$，然后计算 $K_{w,1} = g^{a_w}$，$K_{w,2} = g^{b_w}$，$K_{w,3} = g_j^{r_w - a_w \cdot r_{A(w)}}$，$K_{w,4} = g_j^{r_w - b_w \cdot r_{B(w)}}$，其中，$j = \text{depth}(w)$ 是线路 w 的深度。

AND 门：如果 $w \in$ Gates 且 GateType$(w) = $ AND，那么密钥生成算法随机选择 $a_w, b_w \in Z_p$，然后计算 $K_{w,1} = g^{a_w}$，$K_{w,2} = g^{b_w}$，$K_{w,3} = g_j^{r_w - a_w \cdot r_{A(w)} - b_w \cdot r_{B(w)}}$，其中，$j = \text{depth}(w)$ 是线路 w 的深度。密钥 sk$_p$ 包含电路 p 的描述与上述所有的 $n+q$ 个密钥。

签名 Sign$(\text{sk}_p, m \in \{0,1\}^n)$：输入密钥 sk$_p$、电路 $p = (n, q, A, B, \text{GateType})$、一条消息 $m = m_1, \cdots, m_n$。验证 $p(m) = 1$，若不成立则输出 $\bot$。签名过程的目的是计算签名结果 $\sigma = g_{n+l}^{\alpha \cdot \prod_{i \in [n]} a_{i,m_i}} \in G_{n+l}$，我们将按消息的线路路径计算签名结果。

输入线：如果当前路径是第 $w \in [n]$ 条输入线，令 $m_w = p_w(m) = 1$，那么算法可以利用参数 $A_{i,m_i}, i \in [n] \neq w$，$P_{A(w)}(m) = 1$ 通过多线性映射计算 $E_w = g_{n+1}^{r_w \cdot \prod_{i \neq w} a_{i,m_i}}$，随后计算 $E_w = e(K_w, g_{n-1}^{\prod_{i \neq w} a_{i,m_i}}) = e(g_2^{r_w a_{w,1}}, g_{n-1}^{\prod_{i \neq w} a_{i,m_i}}) = g_{n+1}^{r_w \cdot \prod_{i \in [n]} a_{i,m_i}}$。

OR 门：如果 $w \in$ Gates 且 GateType$(w) = $ OR，那么可以利用参数 $A_{i,m_i}, i \in [n]$，通过多线性映射计算出 $D(m) = g_n^{\prod_{i \in [n]} a_{i,m_i}}$。如果 $p_w(m) = 1$ 且 $p_{A(w)}(m) = 1$（即左输入为 1），那么计算：

$$E_w = e\left(E_{A(w)}, K_{w,1}\right) \cdot e(K_{w,3}, D(m))$$

$$= e\left(g_{n+1}^{r_{A(w)} \cdot \prod_{i \in [n]} a_{i,m_i}}, g^{a_w}\right) \cdot e\left(g_j^{r_w - a_w \cdot r_{A(w)}}, g_n^{\prod_{i \in [n]} a_{i,m_i}}\right)$$

$$= g_{j+n}^{r_w \cdot \prod_{i \in [n]} a_{i,m_i}}$$

式中，$j = \mathrm{depth}(w)$ 是线路 w 的深度。

否则，如果 $P_{A(w)}(m) = 0$ 但是 $P_{B(w)}(m) = 1$，那么可以计算：

$$E_w = e(E_{B(w)}, K_{w,2}) \cdot e(K_{w,4}, D(m))$$

$$= e\left(g_{j+n+1}^{r_{B(w)} \cdot \prod_{i \in [n]} a_{i,m_i}}, g^{b_w}\right) \cdot e\left(g_j^{r_w - b_w \cdot r_{B(w)}}, g_n^{\prod_{i \in [n]} a_{i,m_i}}\right)$$

$$= g_{j+n}^{r_w \cdot \prod_{i \in [n]} a_{i,m_i}}$$

AND 门： 如果 $w \in \mathrm{Gates}$、$\mathrm{GateType}(w) = \mathrm{AND}$ 且 $p_w(m) = 1$（$p_{A(w)}(m) = p_{B(w)}(m) = 1$），那么可以计算：

$$E_w = e(E_{A(w)}, K_{w,1}) \cdot e(E_{B(w)}, K_{w,2}) \cdot e(K_{w,3}, D(m))$$

$$= e\left(g_{j+n-1}^{r_{A(w)} \cdot \prod_{i \in [n]} a_{i,m_i}}, g^{a_w}\right) \cdot e\left(g_{j+n-1}^{r_{B(w)} \cdot \prod_{i \in [n]} a_{i,m_i}}, g^{b_w}\right) \cdot e\left(g_j^{r_w - a_w \cdot r_{A(w)} - b_w \cdot r_{B(w)}}, g_n^{\prod_{i \in [n]} a_{i,m_i}}\right)$$

$$= g_{j+n}^{r_w \cdot \prod_{i \in [n]} a_{i,m_i}}$$

式中，$j = \mathrm{depth}(w)$ 是线路 w 的深度。

上述过程可以计算出所有满足 $p_w(m) = 1$ 的线路 w 所关联的值。若正确执行如上算法，则可以计算出目标签名 $\sigma = g_{n+l}^{r_{n+q} \cdot \prod_{i \in [n]} a_{i,m_i}} = g_{n+l}^{\alpha \cdot \prod_{i \in [n]} a_{i,m_i}} \in G_{n+l}$。

验证 $\mathrm{Verify}(pk, m \in \{0,1\}^n, \sigma \in G_{k-1})$：给定一个关于消息 m 的签名 σ，验证下面等式是否成立：

$$e(\sigma, g) = e\left(g_{n+l}^{\alpha}, A_{1,m_1}, \cdots, A_{n,m_n}\right)$$

若成立则输出 1（接受），否则输出 0（拒绝）。

2. 算法正确性

上述算法的正确性可由如下两个等式来验证：

$$e(\sigma, g) = e\left(g_{n+l}^{\alpha \cdot \prod_{i \in [n]} a_{i,m_i}}, g\right) = g_{n+l+1}^{\alpha \cdot \prod_{i \in [n]} a_{i,m_i}}, \quad e\left(g_{n+l}^{\alpha}, A_{1,m_1}, \cdots, A_{n,m_n}\right) = g_{n+l+1}^{\alpha \cdot \prod_{i \in [n]} a_{i,m_i}}$$

3. 算法不可伪造性

如果存在一个 PPT 敌手 A 能打破上面构造的支持深度为 l、输入长度为 n、消息长度为 n 的策略签名算法，那么存在挑战者 C 能打破 $k = (n + l + 1)$-MCDH 假设。挑战者 C 首先获得一个 k-MCDH 问题实例，多线性群 G 与群元素

$g = g_1 g^{c_1}, \cdots, g^{c_k}$。其次，挑战者 C 也从敌手 A 那里获得挑战消息 $m^* \in \{0,1\}^n$。随后与敌手完成如下游戏。

初始化：挑战者 C 首先随机选择 $u_1, \cdots, u_n \in Z_p$ 并设置：

$$A_{i,\beta} = \begin{cases} g^{c_i}, & m_i^* = \beta \\ g^{u_i}, & m_i^* \neq \beta \end{cases}$$

式中，$i \in [n]$；$\beta \in \{0,1\}$。这意味着当 $m_i^* = \beta$ 时，$\alpha_{i,\beta} = c_i$，否则等于 u_i。此外，令 $\alpha = c_{n+1} c_{n+2} \cdots c_{n+l+1}$。

密钥生成询问：敌手 A 将会适应性地进行多项式密钥生成询问，敌手 A 输入 $p = (n,q,A,B,\mathrm{GateType})$，其中 $p(m^*) = 0$。挑战者 C 对每条线路都计算对应的部分密钥。

输入线 $w \in [n]$：如果 $(m^*)_w = 1$，那么随机选择 $r_w \leftarrow Z_p$（与原方案中算法一样的操作），然后计算密钥 $K_w = g_2^{r_w a_{w,1}}$。如果 $(m^*)w = 0$，令 $r_w = c_{n+1} c_{n+2} + \eta_w$，其中 $\eta_w \in Z_p$ 是随机选择的，则计算密钥 $K_w = \left(e(g^{c_{n+1}}, g^{c_{n+2}}) \cdot g_2^{\eta_w}\right)^{u_w} = g_2^{r_w a_{w,1}}$。

OR 门：如果 $w \in$ OR 门，即 $\mathrm{GateType}(w) = \mathrm{OR}$，令 $j = \mathrm{depth}(w)$ 是线路 w 的深度，挑战者 C 操作如下所示。

如果 $p_w(x^*) = 1$，那么随机选择 $a_w, b_w, r_w \in Z_p$，并计算部分密钥 $K_{w,1} = g^{a_w}$，$K_{w,2} = g^{b_w}$，$K_{w,3} = g_j^{r_w - a_w \cdot r_{A(w)}}$，$K_{w,4} = g_j^{r_w - b_w \cdot r_{B(w)}}$。该算法中，用户关联一个策略相关的电路，然后用户密钥是电路各个部分都生成对应的部分密钥。

如果 $p_w(x^*) = 0$，那么令 $a_w = c_{n+j+1} + \psi_w$，$b_w = c_{n+j+1} + \phi_w$，$r_w = c_{n+1} c_{n+2} \cdots c_{n+j+1} + \eta_w$，其中 ψ_w、ϕ_w、$\eta_{A(w)}$、$\eta_{B(w)}$ 是随机选择的，然后计算密钥 $K_{w,1} = g^{c_{n+j+1} + \psi_w}$，$K_{w,2} = g^{c_{n+j+1} + \phi_w}$，$K_{w,3} = g_j^{\eta_w - c_{n+j+1} \eta_{A(w)} - \psi_w (c_{n+1} \cdots c_{n+j} + \eta_{A(w)})}$，$K_{w,4} = g_j^{\eta_w - c_{n+j+1} \eta_{B(w)} - \psi_w (c_{n+1} \cdots c_{n+j} + \eta_{B(w)})}$。

因为 $A(w)$ 与 $B(w)$ 都是 0 且有 $r_{A(w)} = c_{n+1} \cdots c_{n+j} + \eta_{A(w)}$，所以挑战者 C 可以计算出上面最后两个式子。$r_{B(w)}$ 情况类似。这里注意 $g_j^{c_{n+1} \cdots c_{n+j}}$ 始终可以通过多线性映射计算出来。

AND 门：如果 $w \in$ Gates 且 $\mathrm{GateType}(w) = \mathrm{AND}$，令 $j = \mathrm{depth}(w)$ 是线路 w 的深度，那么计算如下所示。

如果 $p_w(x^*) = 1$，那么算法随机选择 $a_w, b_w, r_w \in Z_p$ 并计算密钥 $K_{w,1} = g^{a_w}$，$K_{w,2} = g^{b_w}$，$K_{w,3} = g_j^{r_w - a_w r_{A(w)} - b_w \cdot r_{B(w)}}$。

如果 $p_w(x^*) = 0$ 且 $p_{Aw}(x^*) = 0$，令 $a_w = c_{n+j+1} + \psi_w$，$b_w = \phi_w$，$r_w = c_{n+1} c_{n+2} \cdots c_{n+j+1} + \eta_w$，其中 ψ_w、ϕ_w、η_w 是随机选择的，那么算法计算密钥 $K_{w,1} = g^{c_{n+j+1} + \psi_w}$，$K_{w,2} = g^{\phi_w}$，$K_{w,3} = g_j^{\eta_w - \psi_w c_{n+1} \cdots c_{n+j} - (c_n + j+1) + \psi_w \eta_{A(w)}^{\phi_w r_{B(w)}}}$。因为 $A(w)$ 为 0 且有 $r_{A(w)} = c_{n+1} \cdots$

$c_{n+j+1} + \eta_{A(w)}$，所以挑战者 C 可以计算出上面最后两个式子。这里注意不管 $p_{A(w)}(x^*)$ 等于 0 还是 1，$g_j^{r_{B(w)}}$ 始终可以被计算出来，因为 $g_j^{c_{n+1}\cdots c_{n+j}}$ 始终可以通过多线性映射计算出来。$p_{B(w)}(x^*) = 0$ 且 $p_{A(w)}(x^*) = 1$ 的情形可以采用与上面类似的办法进行操作，只需要调换 a_w 与 b_w 即可。

签名询问：敌手 A 还可以适应性地进行多项式次签名询问，敌手 A 输入的消息 $m \neq m^*$，不失一般性令 $m_j \neq m_j^*$。挑战者 C 能模拟签名 $\left(g_{n+l}^{\prod_{i \neq j \in [k]} c_i}\right)^{u_j}$，因为它知道其中的一个指数 u_j。

伪造输出：当敌手 A 输出一个关于挑战消息 m^* 的伪造签名 σ^* 时，挑战者 C 直接输出 σ^* 作为给定 $k = (n+l+1)$-MCDH 问题实例的解。根据初始化阶段公开参数的设置与假设敌手的伪造 σ^* 是有效的可知 $\sigma^* = g_{k-1}^{\prod_{i \in [k]} c_i}$，这意味着 σ^* 是给定的 k-MCDH 问题实例的一个正确解，从而挑战者 C 打破了 k-MCDH 假设。由挑战者 C 模拟的游戏与真实游戏对敌手 A 而言是统计不可区分的，因此只要敌手 A 能成功地伪造方案的签名，那么挑战者 C 就能以不可忽略的概率打破 MCDH 困难问题假设。

4. 方案隐私性

给定一个有效签名 $m^* \in \{0,1\}^n$，$\sigma^* = G_{k-1}$，需要证明任意满足 $p(m^*) = 1$ 的密钥 sk_p 都能计算出该签名。

根据签名算法的设置，任意满足 $p_0(m^*) = p_1(m^*) = 1$ 的三元组 (p_0, p_1, m^*)，由密钥 sk_{p_0} 生成的签名与由密钥 sk_{p_1} 生成的签名都是 $g_{n+l}^{\alpha \cdot \prod_{i \in [n]} a_{i,m_i^*}}$。因此，任意满足 $p(m^*) = 1$ 的签名密钥 sk_p 都能计算关于消息 m^* 的一个同样的签名。所提算法的隐私性因而得证。

3.4 基于多线性映射的环签名算法

环签名算法支持用户匿名地代表一群用户签名，其中这一群用户被称为一个环，唯一的条件是真实的签名者需要是这个环中的成员之一。在这样的一个签名算法中，如果一个签名是有效的，那么验证者可以确信环中的某个成员生成了该签名，但无法知道真实签名者的身份信息。不同于群签名，环签名算法中的匿名性是不可撤销的。环签名提供了一种很好的以匿名形式授权的隐私泄露方法，它也可以用来实现指定验证者签名。

环签名这一概念首次由 Rivest 等[53]提出。在一个环签名方案中，真实签名者自己选择签名环成员且并不需要这些成员的配合，这些成员甚至都不知道他们已经参与某个签名过程了。根据安全模型的不同,可以将环签名算法分为两大类,其中第一类需要依赖于随机预言模型假设,如文献[54]中的方案,第二类则是标准模型下可证明安全的方案,如文献[55]中的方案。由于随机预言模型假设是一个理想化的假设,相关负面结果可见文献[55]等,因此标准模型下的方案更有说服力。文献[56]中的方案基于一个新的很强的假设。Shacham 和 Waters [55]构造了一个线性规模的方案,他们构造的方案的签名规模可以降低至亚线性,但是需要借助公共参考串模型。Schäge 和 Schwenk [57]给出了一个基于 CDH 假设的方案构造。

签名环的描述通常与环成员个数呈线性关系,因为需要具体描述每个环成员。因而签名规模往往也与环成员个数呈线性关系,据我们所知,大多数已有的环签名方案的签名规模是线性或亚线性规模的,唯一的例外是文献[57]中所描述的方案,但是构造的方案需要借助随机预言假设。除了文献[57]中的方案,所有已有的环签名方案中的签名规模都依赖于签名环的规模。然而,在现实应用中,当我们需要指定非常多的环成员时,那么规模庞大的签名将会大大地降低方案的实用性[58]。在这种应用环境下,环签名的规模若能是常数级的会非常有用。基于这样问题的考虑,Schacham 和 Waters [55]在 PKC 2007 会议上提出了一个公开问题:"如何构造一个不需要借助随机预言假设的常数规模的环签名方案"。

本节致力于解决 Shacham 和 Waters [55]提出的问题,据我们所知,在此之前这个问题没有得到很好的解决。本书借鉴 Sahai 和 Waters[59]的穿刺程序(punctured programs)技术,以 iO 为基础工具,构造一个标准模型下安全的常数规模环签名方案。方案思路如下:可信中心构造一个混淆的签名程序。随后,任意用户都可以输入 $(m, sk_s, R = (pk_1, \cdots, pk_n), s)$,其中 m 是将要签署的消息,sk_s 是真实签名者的私钥,R 是签名环公钥集合,指标 s 表示真实签名者的公钥在集合 R 中的位置。签名程序将会检验 sk_s 是否是环 R 中的第 s 个公钥的对应私钥,如果检验成功,那么受限的 PRF 将会作用到 $m \parallel R$ 上并输出该 PRF 值作为签名。因此,这里的签名规模等于受限 PRF 的输出长度,根据受限的 PRF 方案构造,可知其输出长度与 R 的规模是独立的。如前面所述,目前不可区分混淆也需要以多线性映射为基础组件,因此该环签名体制也可以看作基于多线性映射实现。文献[59]中的方案采用了一般性的 ZAP 作为方案组件。

3.4.1　算法定义

环签名方案的形式化定义如下所示。

本节定义一个初始化算法,该算法由一个可信中心(trusted authority,TA)运行以生成系统公开参数。此外,令 $R = (pk_1, \cdots, pk_n)$ 为一个按字典排序的签名环公钥集合,假设 $R[i] = vk_i$。此外,如果存在一个指标 i 使得 $R[i]_i = pk$,就简记其

为 $vk \in R$ 环签名方案，该方案由如下 4 个 PPT 算法组成。

初始化 Setup(1^λ)：输入安全参数 λ，输出系统公开参数 pp。该公开参数描述了方案的消息空间 $\mathbb{M}$ 与签名空间 $\mathbb{S}$。

密钥生成 KeyGen(pp)：输入系统公开参数 pp，输出用户的密钥对 (sk,pk)。

签名 Sign(m,R,sk_s)：输入消息 $m \in \mathbb{M}$、签名环 R 及一个签名密钥 sk_s。如果 $\text{pk} \in R$ 且签名密钥有效，那么输出签名 σ，否则输出 $\perp$。

验证 Verify(m,R,σ)：输入消息 $m \in \mathbb{M}$、签名环 R 及一个签名 $\sigma \in \mathbb{S}$。如果签名有效，那么输出 1，接受该签名。否则输出 0，拒绝该签名。

正确性：对于任意安全参数 $\lambda \in \mathbb{M}$、消息 $m \in \mathbb{M}$，以及参数 pp $\leftarrow$ Setup(1^λ)，$\{(\text{sk}_i,\text{pk}_i)\}_{i=1}^{n(\lambda)} \leftarrow$ KeyGen(pp)，$\sigma \leftarrow$ Sign(m,sk_s,R)。如果 $R \subseteq \{\text{pk}\}_{i=1}^{n(\lambda)}$ 且 $\text{pk}_s \in R$，那么 Pr[Verify(m,R,σ)=1]=1。

3.4.2　安全模型

环签名方案需要满足不可伪造性与匿名性。其中，不可伪造性意味着如果一个敌手能代表某个签名环生成有效签名，那么该敌手一定知道签名环中某个成员的私钥。匿名性意味着验证者可以知道签名环中的某个成员一定签署过消息，但是真实的签名者身份对验证者是保持匿名的。本节采用如下两个安全模型：由 Bender 等[60]提出的抗内部成员攻击的不可伪造性；由 Chandran 等[61]提出的匿名性。

1. 不可伪造性

抗内部成员攻击的不可伪造性由如下游戏定义。

初始化：挑战者运行初始化与密钥生成算法以生成系统公开参数 pp 及密钥对 $\{(\text{sk}_i,\text{pk}_i)\}_{i=1}^{n(\lambda)}$。敌手 A 可以获得 pp 及所有验证密钥 $S = \{\text{pk}_i\}_{i=1}^{n(\lambda)}$。腐败成员列表 L 记录被腐败成员的公钥，起初 $L \leftarrow \phi$。

签名询问：敌手 A 可以适应性地进行签名询问。签名询问的输入形式为 (m,R,s)，其中，$m \in \mathbb{M}$ 是消息、R 是签名环及 s 为指标。挑战者 C 返回一个环签名 $\sigma \leftarrow$ Sign(m,sk_s,R)。

腐败询问：敌手 A 可以适应性地进行腐败询问。一个腐败询问的输入形式为一个指标 $s \in [n(\lambda)]$，挑战者 C 返回相应的密钥 sk_s 给敌手 A 并将 pk_s 记录到列表 L 中。

伪造输出：敌手 A 输出一个伪造 ($m^* \in \mathbb{M}$，$\sigma^* \in \mathbb{S}$，$R^* \in \mathbb{S}$)。如果 Verify (m^*,R^*,s)=1，敌手 A 没有询问环 R^* 中的用户私钥，且敌手 A 没有询问过 (m^*,R^*,s)

的签名，那么称敌手 A 赢得了上述游戏。

记一个 PPT 敌手 A 赢得上述游戏的优势为 $\mathrm{Adv}_A^{\mathrm{Unf}} = \Pr[A\text{赢得游戏}]$。

定义 3.2 不可伪造性　如果任意的 PPT 敌手 A 赢得上述游戏的优势都是可忽略的，那么称该环签名方案是不可伪造的。

此外，还可以定义环签名体制的选择性不可伪造性。在选择性安全定义中，要求敌手 A 在游戏开始前就选定将要挑战的签名环与消息对 (R^*, m^*)。然后在签名询问过程中，敌手 A 不能输入 (m^*, R^*, s)，敌手 A 也不能腐败挑战环 R^* 中的任何成员。

定义 3.3 选择性安全性　如果任意的 PPT 敌手 A 赢得上述选择性游戏的优势都是可忽略的，那么就称该环签名方案是选择性不可伪造的。

2. 匿名性

如果关于消息 $m^* \in \mathbb{M}$、签名环 R^* 及密钥 $\mathrm{pk}_{i_0} \in R^*$ 的签名与关于消息 m^*、签名环 R^* 及密钥 $\mathrm{pk}_{i_1} \in R^*$ 的概率分布是相等的，那么称该环签名算法具有匿名性。完美匿名性由如下游戏定义。

初始化：挑战者 C 运行系统初始化与密钥生成算法以生成系统公开参数 pp 及密钥对 $\{(\mathrm{sk}_i, \mathrm{pk}_i)\}_{i=1}^{n(\lambda)}$，然后将公开参数及所有密钥对 $\{(\mathrm{sk}_i, \mathrm{pk}_i)\}_{i=1}^{n(\lambda)}$ 返回给敌手 A。

挑战：敌手 A 选定一个四元组 (m^*, R^*, i_0, i_1)，其中 $m^* \in \mathbb{M}$ 是挑战消息、$R^* \subseteq \{\mathrm{pk}_i\}_{i=1}^{n(\lambda)}$ 是挑战环、i_0 与 i_1 代表挑战环 R^* 中的两个密钥 pk_{i_0} 与 pk_{i_1}，并将其发送给挑战者。挑战者随机选择 $b \in \{0,1\}$，然后计算 $\sigma^* \leftarrow \mathrm{Sign}(m^*, \mathrm{sk}_{i_b}, R^*)$ 并将 σ^* 返回给敌手 A。

猜测：敌手 A 输出猜测值 b'。如果 $b' = b$，那么称敌手 A 赢得了游戏。

记一个拥有无限计算能力的敌手 A 赢得上述游戏的优势 $\mathrm{Adv}_A^{\mathrm{Ano}} = |\Pr[b'=b] - 1/2|$。

定义 3.4 完美匿名性　如果任意无限计算能力的敌手赢得上述游戏的优势都是可忽略的，那么称该环签名方案具有完美匿名性。

3.4.3　算法构造

算法构造思路如下：每个用户选择随机串 x_i 作为其私钥，其公钥为一个伪随机值。为了使得环 $R = (\mathrm{pk}_1, \cdots, \mathrm{pk}_n)$ 中的合法用户 pk_s 能代表环生成有效签名，可信中心公开一个混淆的签名程序，该程序包含了一个受限的 PRF 函数，但是该程序需要一个有效的私钥才能运行。这样一来，如果 $\mathrm{pk}_s \in R$ 且输入的私钥是有效的，

那么 PRF 将会作用于 $m \| R$ 并输出该 PRF 值作为签名输出。任何不知道签名环 R 中用户私钥的用户都无法正常运行签名程序。

令 F：$\{0,1\}^{\ell(\lambda)+2 \cdot n \cdot \lambda} \to \{0,1\}^{\lambda}$ 是一个受限的 PRF 函数。$G : \{0,1\}^{\lambda} \to \{0,1\}^{2\lambda}$ 是一个 PRG。$f(\cdot)$ 是一个 OWF（one-way-function）。定义消息空间 $\mathbb{M} = \{0,1\}^{\ell(\lambda)}$，签名空间 $\mathbb{S} = \{0,1\}^{\lambda}$。方案构造如下所示。

初始化 Setup(1^{λ})：可信中心随机选取一个 PRF 密钥 K，然后构造一个混淆的签名程序 $\mathrm{iO}(P_S)$ 与一个混淆的验证程序 $\mathrm{iO}(P_V)$。这里假定两个程序都包含了公钥认证模块以认证输入公钥的有效性。系统公开参数 pp = $(\mathrm{iO}(P_S), \mathrm{iO}(P_V))$。

密钥生成 KeyGen(pp)：每个用户将随机的比特串 $x_i = \{0,1\}^{\lambda}$ 作为其私钥 SK_i。对应地，用户的公钥 $\mathrm{pk}_i = G(x_i)$。

签名 Sign(sk_s, m, R) = $((\mathrm{vk}_1, \cdots, \mathrm{vk}_n), s)$：签名者 s 的私钥为 sk_s，它将 (m, sk_s, R, s) 输入到签名程序 $\mathrm{iO}(P_S)$ 中，程序返回签名结果 σ。

验证 Verify(m, σ, R) = $(\mathrm{pk}_1, \cdots, \mathrm{pk}_n)$：验证者输入 (m, σ, R) 并运行验证程序 $\mathrm{iO}(P_V)$。

表 3.1 为签名程序 P_S，表 3.2 为验证程序 P_V。

表 3.1　签名程序 P_S

常量：PRF 密钥 K。
输入：消息 m、私钥 sk_s、集合 $R = (\mathrm{vk}_1, \cdots, \mathrm{vk}_n)$ 及指标 S。
　　　验证等式 $G(x_s) = \mathrm{vk}_s$ 是否成立。若成立，则输出 $F(K, m \| R)$。否则，输出 $\perp$。

表 3.2　验证程序 P_V

常量：PRF 密钥 K。
输入：消息 m、签名 σ、集合 $R = (\mathrm{vk}_1, \cdots, \mathrm{vk}_n)$。
　　　验证等式 $f(\sigma) = f(F(K, m \| R))$ 是否成立。若成立，则输出 1。否则，输出 0。

注：上述方案的正确性可直接验证得知。在方案中，签名者与验证者需要分别运行签名程序与验证程序，因此签名者与验证者都需要在线或者事先下载程序才能执行签名程序与验证程序。这里主要关注标准模型下的常数规模的环签名的存在性而不关心其效率问题。此外，上述环签名方案限制一个签名环只能包含 n 个用户，这样的方案称作 n-用户的环签名方案。我们可以利用已有的技术将其扩展为一个支持灵活环规模的环签名方案。完成如此构造的出发点是采用 Ramchen 和 Waters[62] 的技术。Ramchen 和 Waters[62] 在经典的 GGM PRF 基础上构造了一个新的受限的 PRF 函数，该 PRF 函数支持变长输入。

3.4.4　算法安全性

1. 不可伪造性

如果存在一个 PPT 敌手 A 能打破上述环签名方案的选择性不可伪造性，那么能构造一个挑战者 C 打破单项函数的单向性。证明思路是通过一系列游戏完成的，每次不同游戏中，做一定的替换，最终得到我们需要的结果。

Game$_0$：该游戏对应于真实执行的选择性不可伪造性游戏，游戏开始前，敌手选定将要挑战的消息与签名环 $T' = (m^* \in \{0,1\}^{\ell(\lambda)}, I_{R^*} \subseteq [n(\lambda)])$，随后敌手与挑战者 C 共同完成如下游戏过程。

初始化：挑战者 C 随机选择一个 PRF 密钥 K、一个 PRG 函数及一个单向函数 f。然后，建立系统公开参数 pp。此外，挑战者 C 随机选择 $\{x_i\}_{i=1}^{n(\lambda)} \subseteq \{0,1\}^{\lambda}$ 作为用户私钥并计算用户的公钥集合 $S = \{\text{vk}_i = G(x_i)\}_{i=1}^{n(\lambda)}$。敌手 A 的挑战值 T' 将会被替换为 $T = (m^*, R^*)$。挑战者 C 维护一个列表 L 以记录被腐败的用户，起初，$L \leftarrow \varnothing$。敌手可以获得系统公开参数 pp 与公钥集合 S。

询问：挑战者 C 需要回答敌手的两种询问，即签名生成询问 O_{Sig} 与腐败询问 O_{Cor}。

当敌手 A 输入 $m \in \mathbb{M}, R \subseteq S, s$，其中 $(m, R) \neq T$ 进行签名询问 O_{Sig} 时，挑战者 C 返回 $\sigma = F(K, m \parallel R)$。

当敌手 A 输入 $s \in [n(\lambda)]$ 询问其对应的用户私钥时，挑战者 C 返回 x_s 给敌手 A 并将 vk_s 记录到列表 L 中。

伪造：敌手输出一个伪造 (σ^*, m^*, R^*)，如果该伪造有效，即 Verify $(m^*, \sigma^*, R^*) = 1$，那么称敌手赢得了游戏。

Game$_1$：在该游戏中，修改游戏 Game$_0$ 中的挑战签名环的公钥 $R^* = (\text{vk}_1^*, \cdots, \text{vk}_n^*)$，生成方式，挑战者 C 随机选择 $\text{vk}_i^* \in \{0,1\}^{2\lambda}, i \in [n]$ 作为对应的验证密钥。

Game$_2$：在该游戏中，修改游戏 Game$_1$ 中的签名程序，令 $W^* = F(K, T)$ 并将签名程序 $iO(P_S)$ 替换为 $iO(P_V^*)$。签名程序 P_S 与签名程序 P_S^*（表 3.3）规模相同。

表 3.3　签名程序 P_S^*

常量：PRF 密钥 $K(T)$、集合 $T = (m^*, \text{vk}_1^*, \cdots, \text{vk}_n^*)$、值 w^*。

输入：消息 m、私钥 sk_s、集合 $R = (\text{vk}_1, \cdots, \text{vk}_n)$、指标 s。

　　验证等式 $G(x_s) = \text{vk}_s$ 是否成立，如果不成立，那么输出 $\perp$；

　　如果 $(m, R) = T$，那么输出 w^*。否则输出 $F(K, m \parallel R)$。

Game$_3$：在该游戏中，修改游戏 Game$_2$ 中的验证程序。令 $Z^* = f(F(K, T))$ 并将验证程序 $iO(P_V)$ 替换为 $iO(P_V^*)$。验证程序 P_V 与验证程序 P_V^*（表 3.4）规模相同。

表 3.4　验证程序 P_V^*

常量：PRF 密钥 $K(T)$、集合 $T = (m^*, \text{vk}_1^*, \cdots, \text{vk}_n^*)$、值 z^*。

输入：消息 m、私钥 σ、集合 $R = (\text{vk}_1, \cdots, \text{vk}_n)$、指标 s。

　　如果 $(m, R) = T$，那么验证等式 $f(\sigma) = z^*$ 是否成立，如果成立，那么输出 1，否则输出 0；

　　否则，验证等式 $f(\sigma) = f(F(K, m \parallel R))$ 是否成立，如果成立，那么输出 1，否则输出 0。

$Game_4$：在该游戏中，修改验证程序 $iO(P_V^*)$ 中值 z^* 的生成方式。令 $z^* = f(t)$，其中 t 从 $\{0,1\}^\lambda$ 随机选取得到。

引理 3.4　如果方案选取的 PRG 是安全的，那么任意 PPT 敌手在游戏世界 $Game_0$ 与 $Game_1$ 中的优势是可忽略接近的。

证明　可以发现，所有公钥 $\{pk_i^* \mid i \in [n]\}$ 都没有 PRG 原象的概率趋近于 1。因此，即使敌手拿到了所有其他用户的私钥也不能输入集合 R^*，因为几乎没有有效的 x_i^* 能使得 $G(x_i^*) = pk_i^*$ 运行签名程序 $iO(P_S^*)$。

引理 3.5　如果方案选取的 iO 是安全的，那么任意 PPT 敌手在游戏世界 $Game_0$ 与 $Game_1$ 中的优势是可忽略接近的。

证明　可以看到 P_S 与 P_S^* 的输入输出行为是完全一样的。唯一的区别就是 P_S 自行计算 $F(K,T)$，而 P_S^* 在 T 处的输出值则是事先给定的一个常量 w^*。因此，如果存在PPT敌手在两个游戏世界中的优势不一样，那么能构造一对算法(Samp, D)打破 iO 的不可区分性。首先算法 Samp 递交程序 $C_0 = P_S$ 与 $C_1 = P_S^*$ 给 iO 的挑战者。其次，根据 iO 的定义，算法 Samp 会收到一个关于 C_0 或 C_1 的混淆程序，然后，它便可以构造公开参数。这里可以注意到，如果 iO 的挑战者选择了 C_0，那么我们就处于 $Game_1$ 中。反之，如果 iO 的挑战者选择了 C_1，那么我们就处于 $Game_2$ 中。最后，如果敌手能打破环签名方案的安全性，区分器 D 就输出 1。综上所述，如果存在 PPT 敌手在两个游戏世界 $Game_1$ 和 $Game_2$ 的优势不一样，那么存在有效的区分器(Samp, D)能打破 iO 的不可区分性。类似地，任意 PPT 敌手在游戏世界 $Game_2$ 与 $Game_3$ 中的优势也是可忽略接近的。

引理 3.6　如果方案选取的 PRF 是安全的，那么任意 PPT 敌手在游戏世界 $Game_3$ 与 $Game_4$ 中的优势是可忽略接近的。

证明　可以证明，如果引理 3.6 不成立，则可以构造一对有效的算法 (A_1, A_2) 打破受限的 PRF 在挑战 T 点的伪随机性。算法 A_1 首先从敌手获取 $T = (m^*, R^*)$，然后它将 T 递交给受限 PRF 的挑战者并收到一个受限密钥 $k(T)$ 及一个挑战值 z^*。如果 $Z^* = f(F(K,T))$，那么我们处于游戏 $Game_3$ 中。如果它是一个随机选择的值，那么我们处于游戏 $Game_4$ 中。如果敌手成功地伪造了环签名方案的签名，那么算法 A_2 就输出 1。总之，综上所述，如果存在 PPT 敌手在两个游戏世界 $Game_3$ 和 $Game_4$ 的优势不一样，那么存在有效的算法 (A_1, A_2) 能打破受限 PRF 的伪随机性。

引理 3.7　在最后一个游戏世界 $Game_4$ 中，任意 PPT 敌手都不能以不可忽略的优势赢得上述游戏。

证明　可以证明，如果引理 3.7 不成立，那么可以利用该敌手构造一个有效的算法打破单向函数 f 的单向性。挑战者 C 首先从敌手收到挑战 $T = (m^*, R^*)$，然后从单向函数的挑战者那里收到挑战实例 y，并设置 $z^* = y$。如果敌手成功伪造了 m^* 与 R^*，即敌手输出了 σ^* 使得 $f(\sigma^*) = z^* = y$ 成立。挑战者 C 直接输出 σ^* 作为单向函数挑战实例的解。因此，如果方案选取的单向函数是安全的，那么不存在 PPT 敌手能以不可忽略的优势赢得游戏 $Game_4$。因为任意 PPT 敌手在几个连续游戏世界里面的优势都是可忽略接近的，因而证明了环签名方案的选择性不可伪造性。

2. 完美匿名性

给定任意的四元组 (m^*, R^*, i_0, i_1)，其中 $m^* \in \mathbb{M}, R^* \subseteq vk_i^*$，且 $i_0, i_1 \in [n]$，由环成员 i_0 生成的签名与由环成员 i_1 生成的签名都是 $F(K, m^* \| R^*)$。因此，给定了消息与签名环，任意的环成员都能计算一个相同的签名。完美匿名性由此得证。

3.5　本章小结

本章基于多线性映射构造了几个数字签名体制。首先，利用可容许 Hash 函数技术，证明了多线性 BLS 签名体制的自适应性安全性。其次，在基于 NP 语言的策略签名体制的基础之上，引入了基于谓词的策略签名这一概念并给出了相应的安全定义，并利用多线性映射构造了几个支持不同谓词的策略签名体制。最后，利用不可区分混淆、受限的 RPF 等工具构造了一个具有常数签名规模的环签名体制，安全性不需要依赖随机预言模型等理想假设，因而该签名体制回答了 Shacham 和 Waters[55]在 PKC2007 会议上留下的公开问题。

第 4 章　基于多线性映射的属性密码算法

4.1　引　　言

属性密码学又称基于属性的密码学，是公钥密码学和基于身份的密码学的一种扩展，最早的公开研究起源于属性加密[62]，后来拓展到属性签名[63]、属性安全协议[64]等研究内容。与传统密码学相比，属性密码学提供了更加灵活的操作关系。例如，在属性加密体制中，密文和密钥都与一组属性相关，加密者可以根据要加密的内容和接收者的特征信息制定一个由属性构成的加密策略，而产生的密文只有属性满足加密策略的用户才可以解密。属性加密机制极大地丰富了加密策略的灵活性和用户权限的可描述性，从以往的一对一加解密模式扩展成一对多模式。此外，它还具有以下 4 个特点：①高效性，加解密代价和密文长度仅与相应属性个数相关，而与系统中用户的数量无关；②动态性，用户能否解密一个密文仅取决于它的属性是否满足密文的策略，而与它是否在密文生成前加入这个系统无关；③灵活性，具体表现为加密策略可以支持复杂的访问结构，如门限、布尔表达式等；④隐私性，加密者并不需要知道解密者的身份信息。

基于上述良好性质，属性加密机制可以有效地实现非交互的访问控制。在传统的访问控制系统中，用户的权限和所有的数据都由系统管理员来分配与管理。而随着系统中用户数量和数据量的增长，以及用户对数据和个人隐私需求的不断提升，对传统访问控制技术提出了新的需求和挑战。从数据安全和隐私角度来看，用户并不希望自己的数据对存储服务器完全透明。另外，一旦存储服务器被黑客攻破，用户存储的所有数据将会被泄露。从效率方面来看，在传统的访问控制系统中，服务器需要通过与每个用户进行交互来允许或限制访问者的访问能力和范围，当用户数量很大时，将严重影响系统效率。属性加密机制可以很好地解决上述问题，其解决思路是系统中每个权限可以由一个属性表示，由一个权威机构对所有的访问者的权限属性进行认证并颁发相应的密钥，系统中的资源以加密的形式保存在服务器中，加密的访问策略可以根据需要由资源发布者来灵活制定，任何人都能够公开访问加密后的资源，但只有满足访问策略的访问者才可以通过解密来访问该资源。

属性密码学自从诞生以来，就已成为密码学领域一个非常热门的研究方向，并得到了快速发展，在分布式文件管理、第三方数据存储、日志审计、付费电视系统等领域有着良好的应用前景。特别是随着近几年云计算技术的发展和日益普及，越来越多的企业和个人将自身的数据存储外包给云服务商，属性密码学为保护用户的数据安全和隐私提供了一个很好的解决途径。

本章将基于多线性映射分别构造支持一般电路的属性加密体制与支持一般电路的属性签名体制。因为存在通用的转化方法，可以将任意的一般布尔电路转化为等价的单调布尔电路，所以本章仅考虑针对单调电路的属性密码体制。电路的输入为比特串，因此本章描述基于电路的属性集 x 也为比特串形式。基于应用考虑，本章限制电路需要满足如下三个条件：①电路的输出为单比特；②考虑分层的电路，在一个分层电路中，深度为 j 的门将会收到来自它的两个输入线（深度为 $j-1$）的输入值；③限制电路仅有 AND 门与 OR 门。

利用一个五元组 $f=(n,q,A,B,\mathrm{GateType})$ 来定义一个电路，其中 n 是输入的规模，q 是门的总的个数。定义 $\mathrm{Inputs}:=\{1,2,\cdots,n\}$（简记为集合$[n]$），$\mathrm{Wires}:=\{1,2,\cdots,n+q\}$，$\mathrm{Gates}:=(n+1,2,\cdots,n+q)$，其中线路 $n+q$，即为 $\mathrm{Gates}(n+q)$ 的输出线，是指定的输出线。A 与 B 是定义在 $\mathrm{Gates}\to\mathrm{Wires}$ 上的两个函数，其中 $A(w)$ 表示线路 w 的第一个输入线，$B(w)$ 表示线路 w 的第二个输入线。$\mathrm{GateType}:\mathrm{Gates}\to\{\mathrm{AND},\mathrm{OR}\}$ 是一个函数，表示门的类型是 AND 还是 OR。

不失一般性，本章要求 $w>A(w)>B(w)$。此外，线路 w 的深度记为 $\mathrm{depth}(w)$。如果 w 是输入线，那么 $\mathrm{depth}(w)=1$，一般地，线路 w 的深度 $\mathrm{depth}(w)$ 为输入线到该门的最短路径加 1。因为要求电路是分层的，所以对所有的门 w 而言，如果 $\mathrm{depth}(w)=j$，那么 $\mathrm{depth}(A(w))=\mathrm{depth}(\dot{B}(w))=j-1$。为了便于描述，令 $f(x)$ 表示电路 f 输入为 $x\in\{0,1\}^n$ 时电路 f 的输出。此外，用 $f_w(x)$ 表示输入为 x 时线路 w 所对应的值。

4.2 基于多线性映射的属性加密体制

属性加密（attribute-based encryption，ABE）属于公钥加密机制，其面向的解密对象是一个群体，而不是单个用户。实现这个特点的关键是引入了属性概念。属性是描述用户的信息要素，例如，校园网中的学生具有院系、学生类别、年级、专业等属性；教师具有院系、职称、教龄等属性。群体就是指具有某些属性值组合的用户集合，例如，计算机学院本科生就是指院系属性值为计算机学院、学生类别属性值为本科生的一个群体。属性加密使用群体的属性组合作为群体的公钥，所有用户向群体发送数据并使用相同的公钥。上例中，{计算机学院、本科生}作为向计算机学院本科生发送密文的公钥，而私钥由属性授权机构根据用户属性计算并分配给个体。与基于公钥基础设施的加密体制及基于身份的加密体制最大的不同点就是，基于属性的加密体制实现了一对多的加解密。不需要像基于身份的加密体制一样，每次加密都必须知道接收者的身份信息，在属性加密中，用户身份关联一个属性集合或由属性构成的一个函数。当用户拥有的属性集合满足加密者所描述的策略条件时，用户即可完成解密操作。

4.2.1　算法定义

基于一般电路的密钥策略属性加密体制定义如下。

初始化 $Setup(1^\lambda, n, \ell)$：算法的输入为安全参数 λ、电路的输入长度 n 与深度 ℓ，输出为系统公开参数 pp 与主私钥 msk，其中公开参数 pp 将会用于后续所有算法。为了简化描述，常常省略此公开参数 pp，如用 KeyGen(msk, f) 表示 KeyGen(pp, msk, f)。

密钥生成 KeyGen(msk, $f = (n, q, A, B, GateType)$)：算法的输入为主私钥 msk 与一个电路描述 f，输出为用户密钥 sk_f。

加密 $Enc(pp, x \in \{0,1\}^n, m)$：算法的输入为公开参数 pp、一个属性集合描述 $x \in \{0,1\}^n$ 和一条消息 m，输出为密文 c。

解密 $Dec(pp, sk_f, c)$：算法的输入为公开参数 pp、私钥 sk_f 和密文 c，如果 $f(x) = 1$，那么输出消息 m；否则输出 $\perp$。

正确性。对于任意的消息 m，属性集 $x \in \{0,1\}^n$，以及深度为 ℓ 的电路 f，如果 $f(x) = 1$，$sk_f \leftarrow KeyGen(msk, f)$，$c \leftarrow Enc(pp, x, m)$，那么 $Dec(pp, sk_f, c) = m$，其中 pp 与 msk 由初始化算法得到。

4.2.2　安全模型

基于一般电路的密钥策略属性加密体制安全模型要求：当且仅当用户拥有密钥 sk_f 时才能解密关联属性集 x 的密文 c，其中 $f(x) = 1$。进一步地，属性加密体制还应能抵抗一族恶意敌手的合谋攻击，即这些敌手联合他们所拥有的合法密钥以生成一个新的用户密钥。属性加密体制的安全模型定义如下所示。

初始化（Setup）：挑战者运行系统初始化算法生成公开参数 pp 与主密钥 msk，并将公开参数 pp 发给敌手并秘密保存主密钥 msk。

密钥生成询问（阶段 1）：敌手可以进行多项式次密钥生成询问，在该询问过程中，敌手选择 f 作为输入。随后挑战者返回合法密钥 $sk_f \leftarrow KeyGen(msk, f)$ 给敌手。

挑战：敌手 A 提交两条等长的挑战消息 m_0 和 m_1。此外，敌手 A 还要提交一个用于挑战的属性集合 x^*，其中对阶段 1 中询问过的所有密钥 sk_f 而言，都有 $f(x^*) = 0$。接收到挑战消息和属性集合后，挑战者 C 随机选择 $b \in \{0,1\}$，计算密文 $c^* \leftarrow Enc(pp, x^*, m_b)$。最后，将挑战密文 c^* 发送给敌手 A。

密钥生成询问（阶段 2）：敌手还可以继续发起密钥生成询问，要求对所有询问的 f，都有 $f(x^*) = 0$。

猜测：敌手输出关于 b 的猜测 b'。

记一个 PPT 敌手赢得上述游戏的优势 $\text{Adv}_A^{\text{IND-CPA}} = |\Pr[b' = b] - 1/2|$。

定义 4.1　如果任意 PPT 敌手赢得上述游戏的优势最多是可忽略的，那么就称该属性加密方案具有 IND-CPA 安全性。

此外，还可以定义一个较弱的选择性安全（selective indistinguishability under chosen plaintext attacks，sIND-CPA）模型。在选择性不可区分安全模型中，要求敌手在初始化过程前给出将要挑战的属性集合 x^*。

定义 4.2　如果任意 PPT 敌手赢得上述选择性不可区分游戏的优势最多是可忽略的，那么称该属性加密体制具有 sIND-CPA 安全性。

4.2.3　算法构造

在属性加密算法中，用户密钥关联一个电路 f（用于描述用户的解密权限），而密文本身关联属性集合 x。这里需要注意的是，基于一致性电路的性质，一个基于一般电路的密钥策略的属性加密体制很容易转化为一个基于一般电路策略的属性加密体制。

支持一般电路的密钥策略的属性加密体制构造如下所示。

初始化 Setup($1^\lambda, n, \ell, s$)：算法的输入为安全参数 λ、电路最大深度 ℓ、电路输入长度 n、消息长度 s。算法首先运行 MultiGen($1^\lambda, k = n + \ell + s + 1$) 生成群描述 $\boldsymbol{G} = (G_1, \cdots, G_k)$ 及生成元 $g = g_1, g_2, \cdots, g_k$，然后随机选取 $\alpha \in Z_p$ 与 $(a_{1,0}, a_{1,1}), \cdots,$ $(a_{n,0}, a_{n,1}), (b_{1,0}, b_{1,1}), \cdots, (b_{s,0}, b_{s,1}) \in Z_p^2$，并计算 $A_{i,\beta} = g^{a_{i,\beta}}$，$B_{j,\beta} = g^{b_{j,\beta}}$，其中 $i \in [n], j \in [s]$，$\beta \in \{0,1\}$。系统公开参数 pp 包括多线性群描述及 $g_{\ell+1}^\alpha$ 与 $\{A_{i,\beta} = g^{a_{i,\beta}},$ $B_{j,\beta} = g^{b_{j,\beta}} \mid i \in [n], j \in [s], \beta \in \{0,1\}\}$。系统主私钥 msk 包括 α 和所有的 $\{a_{i,\beta}, b_{j,\beta} \mid i \in [n], j \in [s], \beta \in \{0,1\}\}$。

密钥生成 KenGen(msk, $f = (n, q, A, B, \text{GateType})$)：算法的输入为主私钥 msk 和一个电路描述 f。电路 f 的输入长度为 n，共有 q 个门与 $n + q$ 条线路，其中第 $n + q$ 条线路是指定的输出线路。算法首先随机选取 $r_1, \cdots, r_{n+q+1} \in \mathbb{Z}_p$，其中随机值 r_w 将被关联到线路 w，并令 $r_{n+q} = \alpha$。随后，密钥生成算法对每条线路 w 生成相关密钥值。该密钥值取决于线路 w 是输入线，还是 OR 门或者 AND 门。下面是具体说明。

输入线：如果 $w \in [n]$，那么它对应的是第 w 条输入线，其密钥组成值为 $K_w = g_2^{r_w a_{w,1}}$。

OR 门：如果 $w \in$ Gates 且 GateType$(w) =$ OR，那么密钥生成算法随机选取 $a_w, b_w \in Z_p$，并计算密钥组成值 $K_{w,1} = g^{a_w}$，$K_{w,2} = g^{b_w}$，$K_{w,3} = g_j^{r_w - a_w \cdot r_{A(w)}}$，$K_{w,4} = g_j^{r_w - b_w \cdot r_{B(w)}}$，其中 $j =$ depth(w) 是线路 w 的深度。

AND 门：如果 $w \in$ Gates 且 GateType$(w) =$ AND，那么密钥生成算法随机选取 $a_w, b_w \in Z_p$，并计算密钥组成值 $K_{w,1} = g^{a_w}$，$K_{w,2} = g^{b_w}$，$K_{w,3} = g_j^{r_w - a_w \cdot r_{A(w)} - b_w \cdot r_{B(w)}}$，其中 $j =$ depth(w) 是该线路的深度。

私钥 sk$_f$ 包括电路 f 的描述及上面的 $n+q$ 个密钥组成值。

加密 Enc$(\text{pp}, x \in \{0,1\}^n, m)$：加密算法输入为公开参数 pp，属性集 $x \in \{0,1\}^n$，消息 m。选择随机数 s，密文 $c = \left(c_m = m \cdot \left(g_k^\alpha \right)^s, g^s, \forall_i \in S, c_i = h_i^s \right)$，其中，$S$ 表示 $x_i = 1$ 的坐标 i 的集合。

解密 Dec$(\text{pp}, \text{sk}_f, c)$：算法输入公开参数 pp，私钥 sk$_f$，密文 c，若 $f(x) = 1$，则可正确解密。由加密过程可知解密过程的关键在于计算 $g_k^{\alpha s}$，因为消息 $m = c_m / g_k^{\alpha s}$。可以发现 $E' = e(K_H, g^s) = e(g_{k+1}^{\alpha - r_{n+q}}, g^s) = g_k^{\alpha s} g_k^{-r_{n+q} \cdot s}$。因此，需要计算 $g_k^{-r_{n+q} \cdot s}$。根据电路门的类型，执行不同的计算，具体如下所示。

输入线：如果 $w \in [n]$，那么它对应的是第 w 条输入线，令 $x_w = f_w(x) = 1$。解密算法首先计算 $E_w = g_{n+1}^{r_w \prod_{i \neq w} a_i, x_i}$，其次计算 $E_w = e\left(K_w, g_{n-1}^{\prod_{i \neq w} a_i, x_i} \right) = e\left(g_2^{r_w a_{w,1}}, g_{n-1}^{\prod_{i \neq w} a_i, x_i} \right) = g_{n+1}^{r_w \prod_{i \in [n]} a_i, x_i}$。

OR 门：如果 $w \in$ Gates 且 GateType$(w) =$ OR，令 w 的深度为 $j =$ depth(w)。如果 $f_w(x) = 1$，那么该门的计算可以进行下去，此时，若 $f_{A(w)}(x) = 1$（左输入值为 1），则解密步骤计算 $E_w = e(E_{A(w)}, K_{w,1}) \cdot e(K_{w,3}, g^s) = g_{j+1}^{s r_w}$。若 $f_{A(w)}(x) = 0$ 但 $f_{B(w)}(x) = 1$，计算 $E_w = e(E_{B(w)}, K_{w,2}) \cdot e(K_{w,4}, g^s) = g_{j+1}^{s r_w}$。

AND 门：如果 $w \in$ Gates 且 GateType$(w) =$ AND，即 $f_{A(w)}(x) = f_{B(w)}(x) = 1$，那么计算 $E_w = e(E_{A(w)}, K_{w,1}) \cdot e(E_{B(w)}, K_{w,2}) \cdot e(K_{w,3}, D(x)) = e\left(g_{j+n-1}^{r_{A(w)} \prod a_i, x_i}, g^{a_w} \right) \cdot e\left(g_{j+n-1}^{r_{B(w)} \prod a_i, x_i}, g^{b_w} \right) \cdot e\left(g_j^{r_w - a_w r_{A(w)} - b_w r_{B(w)}}, g_n^{\prod_i a_i, x_i} \right) = g_{j+n}^{r_w \prod_i a_i, x_i}$，其中 $j =$ depth(w) 是线路 w 的深度。

如果 $f_w(x) = 1$，那么解密算法将会输出 $E_{n+q} = g_k^{r_{n+q} * s}$。根据 E_{n+q}，最终可以计算出需要的 $g_k^{\alpha s} = E' \cdot E_{n+q}$。

4.2.4 算法安全性

本节证明 4.2.3 节构造的属性加密体制具有选择性和不可区分安全性，其中密钥访问结构为一般的单调电路。令消息长度为 s、电路支持的最大深度为 ℓ，输入长度为 n，4.2.3 节构造的属性加密体制安全性基于 $k = (n + \ell + s + 1)$-MDDH 假设。

定理 4.1 若 $(n + \ell + s + 1)$-MDDH 假设成立，则上述针对一般电路设计的支持深度为 ℓ、输入长度为 n、消息长度为 s 的属性加密体制具有 sIND-CPA 安全性。

证明 如果存在一个 PPT 敌手 A 能打破属性加密体制的 sIND-CPA 安全性，那么存在挑战者 C 能打破 $(n + \ell + s + 1)$-MDDH 假设。挑战者 C 获得一个 $(n + \ell + s + 1)$-MDDH 问题的挑战实例，其中包括多线性群描述及群元素 $g = g_1, g^{c_1}, \cdots, g^{c_k}$。根据 sIND-CPA 安全模型定义，在与挑战者 C 交互之前，敌手 A 选定将要攻击的属性集合 $x^* \in \{0,1\}^n$。挑战者 C 进行如下操作。

初始化（Setup）：挑战者 C 首先随机选择 $y_1, \cdots, y_n \in Z_p$ 并进行设置：①如果 $x_i^* = 1$，那么 $h_i = g^{y_i}$；②如果 $x_i^* = 0$，那么 $h_i = g^{y_i + c_i}$，其中 $i \in [n]$。其次，挑战者 C 设置 $g_k^\alpha = g_k^{\xi + \prod_{i \in [1,k]} c_i}$，其中 ξ 随机选择。

密钥生成询问：敌手 A 输入电路 $f = (n, q, A, B, \text{GateType})$，其中 $f(x^*) = 0$ 询问其对应的密钥。挑战者 C 需要返回一个有效的密钥。考虑一个深度为 j 的门 w，对应的随机数为 r_w。如果 $f_w(x^*) = 0$，那么模拟器将会视 r_w 为 $c_{n+1} c_{n+2} \cdots c_{n+j+1}$ 加上某个已知的随机变量。如果 $f_w(x^*) = 1$，那么模拟器将会视 r_w 为 0 加上某个已知的随机变量。如果能对整个电路保持这样的性质，那么模拟器将会视 r_{n+q} 为 $c_{n+1} c_{n+2} \cdots c_{n+\ell}$。

接下来描述如何对每个线路 w 生成对应的部分密钥。

输入线：假设 $w \in [n]$，即 w 是输入线。

如果 $f_w(x^*) = 1$，那么选择随机数 $r_w \in \mathbb{Z}_p$（与方案真实密钥生成算法一样）并计算密钥 $(K_{w,1} = g^{r_w} h_w^{z_w}, K_{w,2} = g^{z_w})$。

如果 $f_w(x^*) = 0$，那么设置 $r_w = c_1 c_2 + \eta_i$，$z_w = -c_2 + v_i$，其中 η_i 和 v_i 均为随机选择。然后，计算密钥 $\left(K_{w,1} = g^{c_1 c_2 + \eta_w} h_w^{-c_2 + v_2}, K_{w,2} = g^{-c_2 + v_w}\right)$。

OR 门：如果 $w \in$ Gates 且 $\text{GateType}(w) = \text{OR}$，记 $j = \text{depth}(w)$ 是该线路的深度，操作如下所示。

如果 $f_w(x^*) = 1$，那么算法随机选择 $a_w, b_w, r_w \in \mathbb{Z}_p$，并计算密钥 $K_{w,1} = g^{a_w}$，$K_{w,2} = g^{b_w}$，$K_{w,3} = g_j^{r_w - a_w \cdot r_{A(w)}}$，$K_{w,4} = g_j^{r_w - b_w \cdot r_{B(w)}}$。

如果 $f_w(x^*) = 0$，令 $a_w = c_{n+j+1} + \psi_w, b_w = c_{n+j+1} + \phi_w$ 且 $r_w = c_{n+1} c_{n+2} \cdots c_{n+j+1} + \eta_w$，其中 ψ_w, ϕ_w, η_w 随机选择。然后计算密钥 $K_{w,1} = g^{c_{n+j+1} + \psi_w}$，$K_{w,2} = g^{c_{n+j+1} + \phi_w}$，$K_{w,3} = g_j^{\eta_w - c_{n+j+1} \eta_{A(w)} - \psi_w(c_{n+1} \cdots c_{n+j} + \eta_{A(w)})}$，$K_{w,4} = g_j^{\eta_w - c_{n+j+1} \eta_{B(w)} - \psi_w(c_{n+1} \cdots c_{n+j} + \eta_{B(w)})}$。由于 $A(w)$ 与 $B(w)$ 的输出均为 0，且 $r_{A(w)} = c_1 \cdots c_j + \eta_{A(w)}$，因此 $K_{w,3}$ 和 $K_{w,4}$ 是可计算的，所以挑战者

C 总能计算以上 4 个值。这里需要注意 $g_j^{c_{n+1}\cdots c_{n+j}}$ 始终可以通过多线性映射计算出来。

AND 门：如果 $w \in$ Gates 且 GateType$(w) =$ AND，令 $j =$ depth(w) 是线路 w 的深度，具体操作如下。

如果 $f_w(x^*) = 1$，那么算法随机选择 $a_w, b_w, r_w \in Z_p$ 并计算密钥 $K_{w,1} = g^{a_w}$，$K_{w,2} = g^{b_w}$，$K_{w,3} = g_j^{r_w - a_w \cdot r_{A(w)} - b_w \cdot r_{B(w)}}$。

如果 $f_w(x^*) = 0$ 且 $f_{A(w)}(x^*) = 0$，令 $a_w = c_{n+j+1} + \psi_w, b_w = \phi_w, r_w = c_{n+1}c_{n+2}\cdots c_{n+j+1} + \eta_w$，其中 ψ_w、ϕ_w、η_w 是随机选择的，那么算法计算密钥 $K_{w,1} = g^{c_{n+j+1}+\psi_w}$，$K_{w,2} = g^{\phi_w}$，$K_{w,3} = g_j^{\eta_w - \psi_w c_{n+1}\cdots c_{n+j} - (c_{n+j+1}+\psi_w)\eta_{A(w)} - \phi_w r_{B(w)}}$。因为最后一个值的指数部分可以消去，所以挑战者 C 总能计算以上 3 个值。这里需要注意不管 $f_{A(w)}(x^*)$ 是 0 还是 1，$g_j^{r_{B(w)}}$ 始终可以计算出来，因为 $g_j^{c_{n+1}\cdots c_{n+j}}$ 始终可以通过多线性映射迭代计算出来。

类似地，$f_{B(w)}(x^*) = 0$ 且 $f_{A(w)}(x^*) = 1$ 密钥组成可以类似地计算得出，只要调换上面计算中的 a_w 与 b_w 位置即可。

挑战密文生成：令 $S^* \subseteq [1,n]$ 是满足 $x_i^* = 1$ 的坐标 i 的集合。挑战者 C 收到来自敌手的两条挑战消息 m_0 和 m_1，首先随机选择 $b \in \{0,1\}$，其次计算挑战密文：

$$c^* = \left(m_b \cdot T \cdot g_k^{s\xi}, g^s, \forall j \in S^*, c_j = (g^s)^{y_i} \right)$$

猜测：敌手 A 最终输出其猜测值 b'。如果 $b' = b$，那么挑战者 C 返回 1，并将 1 作为 k-MDDH 问题实例的解。

在上述游戏中，挑战者 C 完美地模拟了敌手 A 所需的运行环境。因此，只要敌手 A 能以不可忽略的优势打破属性加密体制的 s-IND-CPA 安全性，就能构造挑战者 C，同样以不可忽略的优势打破 k-MDDH 假设。

4.3 基于多线性映射的属性签名体制

属性签名（attribute-based signatures，ABS）是一类支持用户细粒度访问方式的签名方案。类似于属性加密，可以将属性签名分为两类：密钥策略的属性签名（key-policy ABS）和签名策略的属性签名（signature-policy ABS）。在密钥策略的属性签名方案中，签名密钥 sk$_f$（由一个可信中心生成）关联了一个布尔（策略）函数 f，其中该函数从一族可允许的函数类 F 中选取。密钥 sk$_f$ 的拥有者可以代表属性集合 x 签署消息 m 当且仅当属性集合满足了策略函数，即 $f(x) = 1$。相反，在签名策略的属性签名方案中，私钥关联了一个属性集合 x，而签名关联了一个策略函数 f。密钥策略的属性签名方案与签名策略的属性签名方案适用于不同的应用场景。

属性签名提供了匿名的签名范式，即一个有效的属性签名能证明签名者拥有一个合适的策略函数 f（或者说属性集合 x），然而该签名不会泄露更多关于真实签名者的身份信息。属性签名的匿名认证性质与其他签名方案类似，如群签名、环签名、函数签名及基于策略的签名等。这些签名变体的共同主题都是提供了细粒度访问的签名方式，并保有了身份匿名性。属性签名适用于许多现实应用场景，如我们希望签名者的签名权限由复杂的策略函数（或者实现集合）定义，类似的应用场景包括秘密访问控制、匿名证书、可信协商、分布式访问控制模式、基于属性的消息等，关于属性签名的具体应用可以参考相关文献。

目前已经有不少属性签名算法被提出来。Maji 等[66]给出了一个支持 AND 门、OR 门及门限操作的属性签名体制，但是他们方案的安全性需要基于一般群模型。Maji 等[66]随后利用非交互式零知识（non-interactive zero knowledge，NIZK）证明系统构造了一个标准模型下的属性签名方案。文献[67]中的属性签名方案基于标准的 CDH 假设，但是方案仅支持(n, n)-门限，其中 n 是属性签名方案系统所支持的属性个数。Shahandashti 和 Safavi-Naini[68]随后扩展了文献的方案以支持一般的(k, n)-门限电路。Li 和 Kim[69]设计了一个有效的属性签名方案，但是其方案仅支持单层级的门限谓词。Kumar 等[70]随后设计了一个支持有界多层级门限电路的属性签名方案。Okamoto 和 Takashima[71]基于对偶对向量空间设计了一个适应性安全的属性签名方案。Herranz 等[72]利用 Groth-Sahai NIZK 构造了一个支持门限谓词的短的属性签名方案。Okamoto 和 Takashima[73]及 Blaze 等[74]研究了一个属性签名的变体概念，称为去中心化的属性签名方案。

本章设计一个支持一般电路的属性签名体制，在该属性签名体制中，策略函数 f 可以被描述为任意多项式规模的电路。属性签名体制可以在标准模型下基于 MCDH 假设证明是选择性不可伪造的，同时也具有完美隐私性。

4.3.1　算法定义

基于一般电路的密钥策略的属性签名体制定义如下。

初始化 Setup$(1^\lambda, n, \ell)$：算法输入为安全参数 λ、电路的输入长度 n 与深度 ℓ，输出为公开参数 pp 与主私钥 msk，其中公开参数 pp 将会用于后续所有算法。为了简化描述，常常省略公开参数 pp，如用 KeyGen(msk, f) 表示 keyGen(pp, msk, f)。

密钥生成 KeyGen$($msk, $f = (n, q, A, B, \text{GateType}))$：算法输入主私钥 msk 与一个电路描述 f，输出用户密钥 sk_f。

签名 Sign$(\text{sk}_f, x \in \{0,1\}^n, m)$：算法输入为密钥 sk_f、一个属性集合描述 $x \in \{0,1\}^n$ 和一条消息 m。若 $f(x)=1$，则输出签名 σ，否则输出 $\perp$。

验证 Verify(x, m, σ)：算法输入消息 m、属性集 x 和签名 σ。若签名有效，则

输出 1（接受），否则输出 0（拒绝）。

正确性：对于任意的消息 m，属性集 $x \in \{0,1\}^n$，以及深度为 ℓ 的电路 f，其中 $f(x)=1$，如果 $\mathrm{sk}_f \leftarrow \mathrm{KeyGen}(\mathrm{msk},f)$ 且 $\sigma \leftarrow \mathrm{Sign}(\mathrm{sk}_f,x,m)$，那么 Verify $(x,m,\sigma)=1$，其中 pp 与 msk 由初始化算法得到。

4.3.2 安全模型

一般地，属性签名体制需要满足两个安全需求：不可伪造性与隐私性。

1. 不可伪造性

不可伪造性描述了敌手能代表属性集 x 生成有效签名当且仅当它拥有关联策略 x 的密钥 sk_f，且要求 $f(x)=1$。进一步地，属性签名方案还应能抵抗一族恶意敌手的合谋攻击，即这些敌手联合他们所拥有的合法密钥以生成一个新的用户密钥。为了描述属性签名的不可伪造性，定义如下游戏。

初始化（Setup）：挑战者运行系统初始化算法生成系统公开参数 pp 与主密钥 msk，并将系统公开参数 pp 发给敌手并秘密保存主密钥 msk。

密钥生成询问：敌手可以进行多项式次密钥生成询问，在该询问过程中，敌手选择 f 作为输入。然后挑战者返回合法密钥 $\mathrm{sk}_f \leftarrow \mathrm{KeyGen}(\mathrm{msk},f)$ 给敌手。

签名询问：敌手可以进行多项式次签名生成询问，在该询问过程中，敌手输入消息 m 与属性集 x。然后敌手返回合法签名 $\sigma \leftarrow \mathrm{Sign}(\mathrm{sk}_f,x,m)$，其中 $f(x)=1$。

伪造输出：敌手 A 输出伪造签名 (x^*,m^*,σ^*)，如果该伪造签名有效，且敌手 A 没有询问过消息 m^* 的签名生成；敌手 A 询问的所有私钥 sk_f 都满足 $f(x^*)=0$，则称敌手 A 赢得了该游戏。

记一个 PPT 敌手赢得上述游戏的优势 $\mathrm{Adv}_A^{\mathrm{EU\text{-}CMA}} = \Pr[敌手赢得游戏]$。

定义 4.3（EU-CMA） 如果任意 PPT 敌手赢得上述游戏的优势最多是可忽略的，那么就称该属性签名体制具有 EU-CMA 安全性。

不可伪造性还有一个较弱的形式，即选择性不可伪造性（EU-sCMA）。在选择性不可伪造游戏中，要求敌手在初始化过程前给出将要挑战的消息与属性集合 (m^*,x^*)。

定义 4.4（EU-sCMA） 如果任意 PPT 敌手赢得上述选择性不可伪造游戏的优势最多是可忽略的，那么该属性签名体制具有 EU-sCMA 安全性。

2. 隐私性

属性签名的隐私性要求：从一个关联属性集合 x 的签名 σ，敌手无法获得真实签名者除属性集合 x 之外的任何身份信息。

定义 4.5（完美隐私性）　　如果对于任意 $(\mathrm{pp},\mathrm{msk})\leftarrow\mathrm{Setup}(1^{\lambda})$，任意两个策略函数 $f_0,f_1\in\mathcal{F}$ 及对应的私钥 $\mathrm{sk}_{f_0}\leftarrow\mathrm{KeyGen}(\mathrm{msk},f_0)$，$\mathrm{sk}_{f_1}\leftarrow\mathrm{KeyGen}(\mathrm{msk},f_1)$，任意消息 m 及任意的属性集 x 使得 $f_0(x)=f_1(x)=1$，分布 $\mathrm{Sign}(\mathrm{sk}_{f_0},x,m)$ 和 $\mathrm{Sign}(\mathrm{sk}_{f_1},x,m)$ 是相同的，那么就称该属性签名算法具有完美隐私性。

4.3.3　算法构造

在基于属性的签名方案中，用户密钥关联一个电路 f（用于描述用户的签名策略），而签名本身关联属性集合 x。这里需要注意的是，基于一致性电路的性质，一个基于一般电路的密钥策略的属性签名方案很容易转化为一个基于一般电路的签名策略的属性签名方案。

支持一般电路的密钥策略的属性签名体制如下所示。

初始化 $\mathrm{Setup}(1^{\lambda},n,\ell,s)$：算法的输入为安全参数 λ、电路最大深度 ℓ、电路输入长度 n、消息长度 s。算法首先运行 $\mathrm{MultiGen}(1^{\lambda},k=n+\ell+s+1)$，生成群描述 $\boldsymbol{G}=(G_1,\cdots,G_k)$ 及生成元 $g=g_1,g_2,\cdots,g_k$，然后随机选取 $\alpha\in Z_p$ 与 $(a_{1,0},a_{1,1}),\cdots,(a_{n,0},a_{n,1}),(b_{1,0},b_{1,1}),\cdots,(b_{s,0},b_{s,1})\in Z_p^2$，并计算 $A_{i,\beta}=g^{a_{i,\beta}}$，$B_{j,\beta}=g^{b_{j,\beta}}$，其中 $i\in[n]$，$j\in[s]$，且 $\beta\in\{0,1\}$。公开参数 pp 包括多线性群描述及 $g_{\ell+1}^{\alpha}$ 与 $\left\{A_{i,\beta}=g^{a_{i,\beta}},B_{j,\beta}=g^{b_{j,\beta}}\mid i\in[n],j\in[s],\beta\in\{0,1\}\right\}$。主私钥 msk 包括 α 和所有的 $\left\{a_{i,\beta},b_{j,\beta}\mid i\in[n],\ j\in[s],\ \beta\in\{0,1\}\right\}$。

密钥生成 $\mathrm{KeyGen}(\mathrm{msk},f=(n,q,A,B,\mathrm{GateType}))$：算法的输入为主私钥 msk 和一个电路描述 f。f 的输入长度为 n，共有 q 个门与 $n+q$ 条线路，其中第 $n+q$ 条线路是指定的输出线路。算法首先随机选取 $r_1,\cdots,r_{n+q-1}\in\mathbb{Z}_p$，其中随机值 r_w 将被关联到线路 w，并令 $r_{n+q}=\alpha$。然后，密钥生成算法对每条线路 w 生成相关密钥值。该密钥值取决于线路 w 是输入线，还是 OR 门或者 AND 门。下面是具体说明。

输入线：如果 $w\in[n]$，那么它对应的是第 w 条输入线，其密钥组成值为 $K_w=g_2^{r_w a_{w,1}}$。

OR 门：如果 $w\in\mathrm{Gates}$ 且 $\mathrm{GateType}(w)=\mathrm{OR}$，那么密钥生成算法随机选取 $a_w,b_w\in\mathbb{Z}_p$，并计算密钥组成值 $K_{w,1}=g^{a_w}$，$K_{w,2}=g^{b_w}$，$K_{w,3}=g_i^{r_w-a_w r_{A(w)}}$，$K_{w,4}=g_j^{r_w-b_w r_{B(w)}}$，其中，$j=\mathrm{depth}(w)$ 是线路 w 的深度。

AND 门：如果 $w\in\mathrm{Gates}$ 且 $\mathrm{GateType}(w)=\mathrm{AND}$，那么密钥生成算法随机选取 $a_w,b_w\in\mathbb{Z}_p$，并计算密钥组成值 $K_{w,1}=g^{a_w}$，$K_{w,2}=g^{b_w}$，$K_{w,3}=g_j^{r_w-a_w r_{A(w)}-b_w r_{B(w)}}$，其

中，$j=\text{depth}(w)$ 是该线路的深度。

私钥 sk_f 包括电路 f 的描述及上面的 $n+q$ 个密钥组成值。

签名 $\text{Sign}(\text{sk}_f, x \in \{0,1\}^n, m \in \{0,1\}^s)$：给定长为 s 的消息 $m=m_1,\cdots,m_s$。为了简便，记 $H(m)=g_s^{\prod_{i\in[s]}b_{i,m_i}}$，该值可以利用 pp 中的参数 $\{B_{i,m_i} \mid i\in[s]\}$，通过多线性映射计算得到。

输入线：如果 $w\in[n]$，那么它对应的是第 w 条输入线，令 $x_w=f_w(x)=1$。签名算法首先计算 $E_w=g_{n+1}^{r_w\prod_{i\neq w}a_{i,x_i}}$，然后计算 $E_w=e\left(K_w, g_{n-1}^{\prod_{i\neq w}a_{i,x_i}}\right)=e\left(g_2^{r_w a_{w,1}}, g_{n-1}^{\prod_{i\neq w}a_{i,x_i}}\right)=g_{n+1}^{r_w\prod_{i\in[n]}a_{i,x_i}}$。

OR 门：如果 $w\in\text{Gates}$ 且 $\text{GateType}(w)=\text{OR}$，那么首先计算 $D(x)=g_n^{\prod_{i\in[n]}a_{i,x_i}}$，该值可以利用 pp 中的参数 $\{A_{i,x_i}\mid i\in[n]\}$，通过多线性映射计算得到。如果 $f_w(x)=1$，那么该门的计算可以进行下去，此时，若 $f_{A(w)}(x)=1$（左输入值为 1），那么签名算法执行如下计算。

$$E_w=e(E_{A(w)},K_{w,1})\cdot e(K_{w,3},D(x))$$
$$=e\left(g_{j+n-1}^{r_{A(w)}\prod_{i\in[n]}a_{i,x_i}}, g^{a_w}\right)\cdot e\left(g_j^{r_w-a_w r_{A(w)}}, g_n^{r_w\prod_{i\in[n]}a_{i,x_i}}\right)$$
$$=g_{j+n}^{r_w\prod_{i\in[n]}a_{i,x_i}}$$

式中，$j=\text{depth}(w)$ 是线路 w 的深度。

否则，若 $f_{A(w)}(x)=0$ 但 $f_{B(w)}(x)=1$，计算如下：

$$E_w=e(E_{B(w)},K_{w,2})\cdot e(K_{w,4},D(x))$$
$$=e\left(g_{j+n-1}^{r_{B(w)}\prod_{i\in[n]}a_{i,x_i}}, g^{b_w}\right)\cdot e\left(g_j^{r_w-b_w r_{B(w)}}, g_n^{\prod_{i\in[n]}a_{i,x_i}}\right)$$
$$=g_{j+n}^{r_w\prod_{i\in[n]}a_{i,x_i}}$$

AND 门：如果 $w\in\text{Gates}$ 且 $\text{GateType}(w)=\text{AND}$，即 $f_{A(w)}(x)=f_{B(w)}(x)=1$，那么计算如下：

$$E_w=e(E_{A(w)},K_{w,1})\cdot e(E_{B(w)},K_{w,2})\cdot e(K_{w,3},D(x))$$
$$=e\left(g_{j+n-1}^{r_{A(w)}\prod_i a_{i,x_i}}, g^{a_w}\right)\cdot e\left(g_{j+n-1}^{r_{B(w)}\prod_i a_{i,x_i}}, g^{b_w}\right)$$
$$=e\left(g_j^{r_w-a_w r_{A(w)}-b_w r_{B(w)}}, g_n^{\prod_i a_{i,x_i}}\right)$$
$$=g_{j+n}^{r_w\prod_i a_{i,x_i}}$$

式中，$j=\text{depth}(w)$ 是线路 w 的深度 $f_w(x)=1$。

上述计算可针对所有的满足 $f_w(x)=1$ 的线路 w，最终输出结果是一个群元素

$F(\mathrm{sk}_f, x) = g_{n+\ell}^{r_{n+q} \prod_{i\in[n]} a_{i,x_i}} = g_{n+\ell}^{\alpha \prod_{i\in[n]} a_{i,x_i}} \in G_{n+\ell}$。最后，签名算法计算 $e(H(m), F(\mathrm{sk}_f, x))$，作为签名 σ。这里得到的签名为

$$\sigma = e(H(m), F(\mathrm{sk}_f, x)) = g_{n+\ell+s}^{\alpha \prod_{i\in[n]} a_{i,x_i} \cdot \prod_{j\in[s]} b_{j,m_j}} \in G_{k-1}$$

验证 Verify ($x \in \{0,1\}^n$, $m \in \{0,1\}^s$, $\mathbb{G}_{k-1}$)：给定一个签名 σ、消息 m 及属性集合 x，验证如下等式 $e(\sigma, g) \cdot e\left(g_{\ell+1}^\alpha, A_{1,x_1}, \cdots, A_{n,x_n}, B_{1,m_1}, \cdots, B_{s,m_s}\right)$ 是否成立，若成立，则输出 1（接受），否则输出 0（拒绝）。

正确性：方案的正确性可以由如下两个等式验证。

$$e(\sigma, g) = e\left(g_{n+\ell+s}^{\alpha \prod_{i\in[n]} a_{i,x_i} \cdot \prod_{j\in[s]} b_{j,m_j}}, g\right) = g_{n+\ell+s+1}^{\alpha \prod_{i\in[n]} a_{i,x_i} \cdot \prod_{j\in[s]} b_{j,m_j}}$$

与

$$e\left(g_{\ell+1}^\alpha, A_{1,x_1}, \cdots, A_{n,x_n}, B_{1,m_1}, \cdots, B_{s,m_s}\right) = e\left(g_{\ell+1+s}^{\alpha \prod_{i\in[n]} a_{i,x_i}}, B_{1,m_1}, \cdots, B_{s,m_s}\right)$$
$$= g_{n+\ell+s+1}^{\alpha \prod_{i\in[n]} a_{i,x_i} \cdot \prod_{j\in[s]} b_{j,m_j}}$$

4.3.4　算法安全性

本节证明 4.3.3 节构造的属性签名体制的安全性。

1. 不可伪造性

我们证明上述属性签名方案的不可伪造性。4.3.3 节构造的属性签名方案中，密钥访问结构为一般的单调电路，消息长度为 s、电路最大深度为 ℓ、输入长度为 n。属性签名方案的不可伪造性基于 $k = (n+\ell+s+1)$-MCDH 假设。

定理 4.2　若 $k = (n+\ell+s+1)$-MCDH 假设成立，则上述基于一般电路的属性签名算法具有不可伪造性，其中电路深度为 ℓ、输入长度为 n、消息长度为 s。

证明　如果存在一个 PPT 敌手 A 能打破方案的选择性不可伪造性，那么存在挑战者 C 能打破 $(n+\ell+s+1)$-MCDH 假设。挑战者 C 获得一个 $k = (n+\ell+s+1)$-MCDH 问题的挑战实例，其中包括多线性群描述 G 及群元素 $g = g_1, g^{c_1}, \cdots, g^{c_k}$。根据 EU-sCMA 定义，敌手需要事先选定将要挑战的属性集合与消息 $(x^* \in \{0,1\}^n, m^* \in \{0,1\}^s)$。挑战者 C 进行如下操作。

初始化（Setup）：挑战者 C 首先随机选择 $z_1, \cdots, z_n \in \mathbb{Z}_p$ 并设置

$$A_{i,\beta} = \begin{cases} g^{c_i}, & x_i^* = \beta \\ g^{z_i}, & x_i^* \neq \beta \end{cases}$$

式中，$i \in [n]$; $\beta \in \{0,1\}$。这意味着如果 $x_i^* = \beta$，那么 $a_{i,\beta} = c_i$，否则等于 z_i。然后，挑战者 C 随机选择 $y_1, \cdots, y_s \in \mathbb{Z}_p$ 并设置

$$B_{i,\beta} = \begin{cases} g^{c_{n+\ell+1+i}}, & m_i^* = \beta \\ g^{y_i}, & m_i^* \neq \beta \end{cases}$$

式中，$i \in [s]$; $\beta \in \{0,1\}$。此时，如果 $m_i^* = \beta$，那么 $b_{i,\beta} = c_{n+\ell+1+i}$，否则等于 y_i。这里可以注意到如上模拟的参数分布与真实方案中的参数分布是一样的。此外，挑战者 C 设置（尽管并不知道该值）$\alpha = c_{n+1}c_{n+2} \cdots c_{n+\ell+1}$。

密钥生成询问：敌手 A 输入电路 $f = (n, q, A, B, \text{GateType})$，其中，$f(x^*) = 0$ 询问其对应的密钥。挑战者 C 需要返回一个有效的密钥。我们将认为每个门或线路都具有某些不变量。考虑一个深度为 j 的门 w，对应的随机数为 r_w。如果 $f_w(x^*) = 0$，那么模拟器将会视 r_w 为 $c_{n+1}c_{n+2} \cdots c_{n+j+1}$ 加上某个已知的随机变量。如果 $f_w(x^*) = 1$，那么模拟器将会视 r_w 为 0 加上某个已知的随机变量。如果能对整个电路保持这样的性质，那么模拟器将会视 r_{n+q} 为 $c_{n+1}c_{n+2} \cdots c_{n+\ell}$。

接下来描述如何对每个线路 w 生成密钥。

输入线：如果 $w \in [n]$，即 w 是输入线。

①如果 $(x^*)_w = 1$，那么选择随机数 $r_w \leftarrow \mathbb{Z}_p$（与方案真实密钥生成算法一样）并计算密钥 $K_w = g_2^{r_w a_{w,1}}$。

②如果 $(x^*)_w = 0$，那么设置 $r_w = c_{n+1}c_{n+2} + \eta_w$，其中 $\eta_w \in \mathbb{Z}_p$ 是随机选择的数值，并计算密钥 $K_w = \left(e(g^{c_{n+1}}, g^{c_{n+2}}) \cdot g_2^{\eta_w} \right)^{z_w} = g_2^{r_w a_{w,1}}$。

OR 门：如果 $w \in \text{Gates}$ 且 $\text{GateType}(w) = \text{OR}$，记 $j = \text{depth}(w)$ 是该线路的深度，操作如下所示。

①如果 $f_w(x^*) = 1$，那么算法随机选择 $a_w, b_w, r_w \in \mathbb{Z}_p$，并计算密钥 $K_{w,1} = g^{a_w}$，$K_{w,2} = g^{b_w}$，$K_{w,3} = g_j^{r_w - a_w \cdot r_{A(w)}}$，$K_{w,4} = g_j^{r_w - b_w \cdot r_{B(w)}}$。

②如果 $f_w(x^*) = 0$，令 $a_w = c_{n+j+1} + \psi_w$，$b_w = c_{n+j+1} + \phi_w$，且 $r_w = c_{n+1}c_{n+2} \cdots c_{n+j+1} + \eta_w$，其中 ψ_w、ϕ_w、η_w 随机选择。随后计算密钥：$K_{w,1} = g^{c_{n+j+1}+\psi_w}$，$K_{w,2} = g^{c_{n+j+1}+\phi_w}$，$K_{w,3} = g_j^{\eta_w - c_{n+j+1}\eta_{A(w)} - \psi_w(c_{n+1}\cdots c_{n+j} + \eta_{A(w)})}$，$K_{w,4} = g_j^{\eta_w - c_{n+j+1}\eta_{B(w)} - \psi_w(c_{n+1}\cdots c_{n+j} + \eta_{B(w)})}$。因为最后两个值的指数部分可消去（$A(w)$ 与 $B(w)$ 都是 0，且 $r_{A(w)} = c_{n+1}\cdots c_{n+j} + \eta_{A(w)}$），所以挑战者 C 总能计算上面 4 个值。$r_{B(w)}$ 的情形也类似。这里需要注意 $g_j^{c_{n+1}\cdots c_{n+j}}$ 始终可以通过多线性映射计算出来。

AND 门：如果 $w \in \text{Gates}$ 且 $\text{GateType}(w) = \text{AND}$，令 $j = \text{depth}(w)$ 是线路 w 的深度，具体操作如下所示。

① 如果 $f_w(x^*)=1$，那么算法随机选择 $a_w, b_w, r_w \in \mathbb{Z}_p$ 并计算密钥 $K_{w,1}=g^{a_w}$，$K_{w,2}=g^{b_w}$，$K_{w,3}=g^{r_w-a_w \cdot r_{A(w)}-b_w \cdot r_{B(w)}}$。

② 如果 $f_w(x^*)=0$ 且 $f_{A(w)}(x^*)=0$，令 $a_w=c_{n+j+1}+\psi_w$，$b_w=c_{n+j+1}+\phi_w$，$r_w=c_{n+1}c_{n+2}\cdots c_{n+j+1}+\eta_w$，其中 ψ_w、ϕ_w、η_w 是随机选择的，那么挑战者计算密钥 $K_{w,1}=g^{c_{n+j+1}+\psi_w}$，$K_{w,2}=g^{\phi_w}$，$K_{w,3}=g_j^{\eta_w-\psi_w c_{n+1}\cdots c_{n+j}-(c_{n+j+1}+\psi_w)\eta A(w)-\phi_w rB(w)}$。因为 $A(w)$ 的值为 0，且 $r_{A(w)}=c_{n+1}\cdots c_{n+j}+\eta_{A(w)}$，所以通过消去部分指数参数，挑战者 C 总是能计算如上 3 个值。这里需要注意不管 $f_{A(w)}(x^*)$ 是 0 还是 1，值 $g_j^{rB(w)}$ 始终可以计算出来，因为 $g_j^{c_{n+1}\cdots c_{n+j}}$ 始终可以通过多线性映射迭代计算出来。

类似地，$f_{B(w)}(x^*)=0$ 但 $f_{A(w)}(x^*)=1$ 的情形可以计算出来，只要调换上面计算中的 a_w 与 b_w 位置即可。

签名询问：当敌手 A 输入消息 m 与属性集 x 时，当敌手 A 输入消息 m 与属性集 x 进行签名询问时，其中 $(m,x)\neq(m^*,x^*)$，挑战者 C 可以回答该签名询问，因为敌手的询问与其将要挑战的消息与属性集至少有一个比特位是不一样的。具体地，挑战者 C 根据下列两种情形来回答敌手的签名询问。

情形 1：如果 $x\neq x^*$，那么存在 $i\in[n]$ 使得 $x_i\neq x_i^*$。挑战者 B 首先通过多线性映射迭代计算出 $T=g_{\ell+1}^{\alpha}=g_{\ell+1}^{c_{n+1}c_{n+2}\cdots c_{n+\ell+1}}$，然后计算 $T'=g_{n-1}^{\prod_{j\in[n]}a_{j,x_j}}$。为了计算出 T，挑战者 B 首先选取 $A_{j,x_j}, j\neq i\in[n]$，并利用多线性映射计算出 $g_{n-1}^{\prod_{j\neq i\in[n]}a_{j,x_j}}$，然后增加次数 $a_{i,x_i}=z_i$ 以计算出 T'。接着，计算 $e(T,T')=g_{n+\ell}^{\alpha\prod_{i\in[n]}a_{i,x_i}}=F(\mathrm{sk}_f,x)$。最后，可以计算签名 $\sigma=e(F(\mathrm{sk}_f,x),H(m))=g_{n+\ell+s}^{\alpha\prod_{i\in[n]}a_{i,x_i}\prod_{j\in[s]}b_{j,m_j}}$，其中，$H(m)=g_s^{\prod_{j\in[s]}b_{j,m_j}}$ 可以通过选取 B_{j,m_j}，$j\in[s]$ 并通过多线性映射计算出来。

情形 2：如果 $m\neq m^*$，那么存在 $i\in[s]$ 使得 $m_i\neq m_i^*$。挑战者 C 首先通过多线性映射迭代计算出 $V=g_{n+\ell+1}^{\alpha\prod_{i\in[n]}a_{i,x_i}}=g_{n+\ell+1}^{c_{n+1}c_{n+2}\cdots c_{n+\ell+1}\prod_{i\in[n]}a_{i,x_i}}$，然后计算 $T=g_{s-1}^{\prod_{j\in[n]}b_{j,x_j}}$。为了计算出 T，挑战者 C 首先选取参数 B_{j,m_j}，$j\neq i\in[s]$ 并利用多线性映射计算 $g_{s-1}^{\prod_{j\neq i\in[s]}b_{j,m_j}}$，然后增加次数 $b_{i,m_i}=y_i$ 则可以计算出 T。最后，可以计算签名 $\sigma=e(V,T)=g_{n+\ell+s}^{\alpha\prod_{i\in[n]}a_{i,x_i}\prod_{j\in[s]}b_{j,m_j}}$。

伪造输出：当敌手 A 输出一个关于消息 m^* 与属性集 x^* 的签名 σ^* 时，挑战者 C 输出 σ^* 作为给定的 $k=(n+\ell+s+1)$-MCDH 问题实例的解。根据初始化阶段中的系统公开参数的设定及假定 σ^* 是有效的，可以得知 $\sigma^*=g_{k-1}^{\prod_{i\in k}c_i}$，这就意味着 σ^* 是给定的 k-MCDH 问题实例的解，从而挑战者 C 打破了 k-MCDH 假设。

在上述游戏中，挑战者 C 完美地模拟了敌手 A 所需要的运行环境。因此，只要敌手 A 能以不可忽略的优势打破属性签名方案的 EU-sCMA 安全性，就能构造挑战者 C，同样以不可忽略的优势打破 k-MCDH 假设。

2. 完美隐私性

给定一个关于消息 m^* 与属性集 x^* 的签名 σ^*，只要能证明任意满足 $f(x^*)=1$ 的私钥 sk_f 都能计算出该签名，从而就能证明属性签名方案具有完美隐私性。

定理 4.3　4.3.3 节构造的基于一般电路的属性签名方案具有完美隐私性。

证明　根据属性签名算法中的签名生成步骤可知，对于任意 (f_0,f_1,x^*,m^*) 而言，只要 $f_0(x^*)=f_1(x^*)=1$ 成立，那么由私钥 sk_{f_0} 与 sk_{f_1} 生成的签名结果都是 $g_{n+\ell+s}^{\alpha\prod_{i\in[n]}a_{i,x_i^*}\prod_{j\in[s]}b_{j,m_j^*}}$。因此，任意满足 $f(x^*)=1$ 的私钥 sk_f 都能计算一个相同的关于挑战消息 m^* 与挑战属性集 x^* 的签名，定理得证。

4.4　本章小结

本章基于多线性映射构造了支持一般电路的属性加密体制与属性签名体制。支持一般电路的属性密码体制可以定义任意多项式规模电路描述的策略函数，具有很强的通用性，并证明了属性加密与属性签名体制在多线性映射环境下的安全性。

第 5 章 基于多线性映射的代理重密码算法

5.1 引　言

代理重密码体制是由 Blaze 等[74]在 EUROCRYPT 1998 会议上首次提出的，并由 Ateniese 等[75, 76]在 CCS（Computer and Communications Security）2005 和 NDSS（Network and Distributed System Symposium）2005 会议上给出其规范的形式化定义。一般地，代理重密码体制包括代理重加密（proxy re-encryption，PRE）体制和代理重签名（proxy re-signature，PRS）体制两大类。

在代理重加密体制中，原始数据密文的拥有者根据自己的私钥和接收方的公钥生成转换密钥，该转换密钥可以将原始数据密文拥有者的密文直接转换为接收者可以直接解密的密文。转换操作一般由半诚实的代理者（如云服务器提供商等）进行操作，半诚实指的是代理者会诚实地执行转换协议并将发送方的密文转换为接收方的密文，但在这一过程中，代理者会想办法获取原始数据明文。因此，一个安全的代理重加密方案应该能保证代理者无法获得原始数据。与此同时，接收方和代理者合谋也无法直接获取数据拥有者的密钥或密文。

类似地，代理重签名体制中，一个拥有代理重签名密钥的半诚实代理者可以把 Alice 的签名转换为对同一个消息的 Bob 的签名，而这个代理者不能自己产生 Alice 或者 Bob 的签名。

由于代理重密码特殊的转换功能，它可以解决很多实际问题，如有效地解决在数字版权管理中的跨域操作问题，即在不修改 DRM 系统和功能的前提下，实现在域 A 中的数字保护内容也能在域 B 中播放。代理重密码体制提出至今取得了不少理论和实践结果，同时也广泛地应用于数据安全领域。

5.2 基于多线性映射的代理重加密算法

Blaze 等[74]在 EUROCRYPT 1998 会议上首次提出了代理重加密这一概念。在 PRE 方案中，代理者 Alice 生成一个重加密密钥（re-encryption key，$\mathrm{rk}_{A \to B}$），并将其发送给一个代理服务商，随后该代理服务商可以利用该重加密密钥将用 Alice 的公钥 pk_A 加密的密文转化为用 Bob 的公钥（pk_B）加密的密文。Bob 由 Alice 指定，业内称 Bob 为被代理者。在应用中，代理服务商也许是不诚实的。因此，方案要求他不能从密文中获得关于被加密消息的任何信息。代理重加密适用于许多应用，如邮件加密转发、安全的文档系统、安全的分布式存储等。

自代理重加密这一概念被提出后，研究者提出了许多不同的变体方案，如双向与单向的代理重加密、单跳与多跳的代理重加密、CCA 安全的代理重加密、基于身份的代理重加密、基于属性的代理重加密、功能代理重加密等。具体地，双向代理重加密意味着一把双向的重加密密钥（记为 $\text{rk}_{A \leftrightarrow B}$）不仅能转化 Alice 的密文给 Bob，而且还能转化 Bob 的密文给 Alice。在单向代理重加密方案中，重加密密钥（记为 $\text{rk}_{A \leftrightarrow B}$）只支持将 Alice 的密文转化为 Bob 的密文，反之则不成立。在单跳代理重加密方案中，重密文可以继续被重加密。反之，在多跳代理重加密方案中，从 Alice 转化给 Bob 的重密文可以继续被重加密到 Carol 等用户。

Canetti 和 Hohenberger[77] 在 CCS2007 会议上留下了几个公开问题，其中一个问题是如何设计单向多跳代理重加密方案。这是一个很有意思的问题，因为许多应用场景需要这样的方案，如在邮件加密转发的应用场景中，被代理者希望将其从代理者那里得到的加密邮件转发给另外一个用户。此后，这个问题在代理重加密研究领域中一直是一个不小的挑战问题。此外，Ateniese 和 Hohenberger[75] 指出代理重加密方案有如下几个性质。

1. 单向性

重加密密钥 $\text{rk}_{i \to j}$ 只支持服务商转化用户 i 的密文为用户 j 的密文，但是反之则不成立。如果方案不具备这个性质，那么称其为双向的代理重加密方案。

2. 非交互式代理密钥生成

代理者 i 可以非交互式地生成任意代理密钥 $\text{rk}_{i \to j}$，不需要被代理者 j 或者可信第三方参与该算法。

3. 透明性

这一概念意味着用户不知道代理服务商的存在。正式地，由加密者计算出的密文与由代理服务商计算出来的密文是不可区分的。

4. 原始访问性

代理者 i 可以继续解密从他那里被转化重加密的密文。

5. 密钥规模最优性

不管用户代理了或者被代理了多少次，该用户也只需管理与存储很小规模的密钥即可。

6. 抗合谋性

恶意的服务商与被代理者合谋不能恢复出代理者的私钥。

7. 不可转移性

代理服务商自己不能生成新的代理密钥。例如，拿到代理密钥 $\mathrm{rk}_{i\to j}$ 与 $\mathrm{rk}_{j\to k}$，他不能计算 $\mathrm{rk}_{i\to k}$。

Ateniese 和 Hohenberger[75]还定义了一个安全性质——临时性。该性质意味着代理者可以规定他所生成的重加密密钥的使用期限，如果代理服务商是诚实的，那么代理者只需指定该时间段并将其告知服务商即可。

Green 和 Ateniese[78]构造了一个基于身份的单向多跳代理重加密方案，方案安全性需要基于随机预言模型假设。随后，Chu 和 Tzeng[79]使用 Green 和 Ateniese[78]的方法构造了一个标准模型下可证明安全的基于身份的单向多跳代理重加密方案。这两个方案有一个缺陷，密文规模会随着重加密的次数而呈线性增长。此外，上面两个方案不能抵抗合谋攻击。最近，Chandran 等[80]基于混淆技术构造了一个多跳单向代理重加密方案。据我们所知，这几个方案是仅有的几个单向多跳代理重加密方案。

5.2.1　算法定义

因为代理重加密体制的性质不同，所以对应的定义也略有不同。本节给出单向多跳非交互式代理重加密的定义，它由如下 6 个算法组成。

初始化 $\mathrm{Setup}(1^{\lambda})$：输入安全参数 λ，输出系统公开参数 pp。

密钥生成 $\mathrm{KeyGen}(\mathrm{pp})$：输入公开参数 pp，输出用户公私钥对(sk, pk)。

重密钥生成 $\overline{\mathrm{ReKeyGen}}(\mathrm{sk}_i, \mathrm{pk}_j)$：是一族非交互式重密钥生成算法。任意重密钥生成算法 $\mathrm{ReKeyGen}_u \in \overline{\mathrm{ReKeyGen}}$ 输入一个私钥 sk_i 和一个公钥 pk_j，输出一个 u 级重加密密钥 $\mathrm{rk}_{i\to j}^u$，该密钥可以将用户 i 的密文转化为用户 j 的密文。

加密 $\overline{\mathrm{Enc}}(\mathrm{pk}_i, m)$：这是一族加密算法，任意加密算法 $\mathrm{Enc}_s \in \overline{\mathrm{Enc}}$ 输入用户 i 的公钥 pk_i 与消息 m，输出用户 i 的 s 级密文 C_i^s。

重加密 $\overline{\mathrm{ReEnc}}(\mathrm{rk}_{i\to j}^u, C_i^s)$：这是一族重加密算法，任意重加密算法 $\mathrm{ReEnc}_t \in \overline{\mathrm{ReEnc}}$ 输入一个 u 级重加密密钥 $\mathrm{rk}_{i\to j}^u$ 与用户 i 的 s 级密文 C_i^s，输出用户 j 的 $u+s+t$ 级密文 C_j^{u+s+t}。

解密 $\overline{\mathrm{Dec}}(\mathrm{sk}_i, C_i^s)$：这是一族解密算法，任意解密算法 $\mathrm{Dec}_s \in \overline{\mathrm{Dec}}$ 输入用户 i

的私钥与一个 s 密文 C_i^s，输出消息 m。

　　上述定义改编自现有密码学者给出的定义。定义描述了一族而不是单个的重密钥生成算法。这样的定义有一个好处，在某些情况下代理者（在多跳代理重加密过程中，可能同时也是被代理者）希望从他转化给某被代理者的密文不能被继续代理下去。在满足上述定义的方案中，代理者可以发布一个合适级别的重密钥，经过该重密钥转化的密文不可以重新转化代理，从而满足了这一要求。

　　如果某代理重加密方案支持无限次转化，即密文可以被不限次数地转化重加密，那么数值 u、s 与 t 可以是任意整数。否则，如果代理重加密方案只支持多项式 n 次转化重加密，即密文最多能被转化 n 次，那么数值 u、s 与 t 可以是满足 $u+s+t \leqslant n$ 的集合[n]中的任意整数。

　　正确性：一般地，代理重加密方案需要满足正确性。即用户 i 一直能解密用他的公钥 pk_i 加密的密文，且用户 j 能解密重加密算法 $\mathrm{ReEnc}_t\left(\mathrm{rk}_{i \to j}^u, C_i^s\right)$ 生成的密文。此外，还要求不管重加密多少次，密文所对应的明文消息需要是一致的，即用户 j 解密所得到的明文一定是用户 i 所获得的明文。正式地，一个代理重加密方案的正确性要求对于任意的安全参数 $\lambda \in N$、所有的公开参数 $\mathrm{pp} \leftarrow \mathrm{Setup}(1^\lambda)$、所有的密钥对 $\left(\mathrm{sk}_i, \mathrm{pk}_i\right) \leftarrow \mathrm{KeyGen}(\mathrm{pp})$、所有的重密钥 $\mathrm{rk}_{i \to j}^u \leftarrow \mathrm{ReKeyGen}_u\left(\mathrm{sk}_i, \mathrm{pk}_j\right)$ 及所有的消息 m，下面的两个等式成立：① $\Pr\left[\mathrm{Dec}_s\left(\mathrm{sk}_i, \mathrm{Enc}_s(\mathrm{pk}_i, m)\right) = m\right] = 1$；② $\Pr\left[\mathrm{Dec}_{u+s+t}\left(\mathrm{sk}_j, \mathrm{ReEnc}_t\left(\mathrm{rk}_{i \to j}^u, \mathrm{Enc}_s(\mathrm{pk}_i, m)\right)\right) = m\right] = 1$。

5.2.2　安全模型

　　代理重加密体制需要满足两个安全性：标准安全性与主密钥安全性。下面的安全模型改编自现有文献中的相关安全模型，使其适应非交互式单向多跳代理重加密方案情形。

1. 标准安全性

　　标准安全性包括两个层次，第一个层次的安全性要求每个用户的原始密文，即直接用该用户的公钥加密得到的密文需要是安全的；在第二个层次的安全性中，要求由重加密算法转化得到的密文需要是安全的。这里的安全仅要求语义安全，即选择明文攻击下的不可区分性。具体定义如下：

　　用下标 c 来表示敌手将要攻击的挑战对象、a 表示被敌手所腐败或控制的用户、h 表示诚实的没有被敌手控制的除挑战用户 c 之外的用户。标准安全性要求对于任意 PPT 敌手 A、$\mathrm{ReKeyGen}_u \in \overline{\mathrm{ReKeyGen}}$ 与 $\mathrm{Enc}_s \in \overline{\mathrm{Enc}}$，有

$\Pr[\mathrm{pp} \leftarrow \mathrm{Setup}(1^{\lambda}), (\mathrm{pk}_c, \mathrm{sk}_c) \leftarrow \mathrm{KeyGen}(\mathrm{pp}), \{(\mathrm{pk}_a, \mathrm{sk}_a) \leftarrow \mathrm{KeyGen}(\mathrm{pp})\},$

$\{\mathrm{rk}_{a \rightarrow c}^{u_1} \leftarrow \mathrm{ReKeyGen}_{u_1}(\mathrm{sk}_a, \mathrm{pk}_c)\},$

$\{(\mathrm{pk}_h, \mathrm{sk}_h) \leftarrow \mathrm{KeyGen}(\mathrm{pp})\},$

$\{\mathrm{rk}_{c \rightarrow h}^{u_2} \leftarrow \mathrm{ReKeyGen}_{u_2}(\mathrm{sk}_c, \mathrm{pk}_h)\},$

$\{\mathrm{rk}_{h \rightarrow c}^{u_3} \leftarrow \mathrm{ReKeyGen}_{u_3}(\mathrm{sk}_h, \mathrm{pk}_c)\},$

$(m_0, m_1) \leftarrow A\left(\mathrm{pk}_c, \{(\mathrm{pk}_a, \mathrm{sk}_a)\}, \{\mathrm{pk}_h\}, \{\mathrm{rk}_{a \rightarrow c}^{u_1}\}, \{\mathrm{rk}_{c \rightarrow h}^{u_2}\}, \{\mathrm{rk}_{h \rightarrow c}^{u_3}\}\right),$

$b \leftarrow \{0,1\}, b' \leftarrow A\left(\tau, \mathrm{Enc}_s(\mathrm{pk}_c, m_b)\right):$

$b' = b] = \dfrac{1}{2} + \mathrm{negl}(\lambda)$

式中，λ 是敌手的状态信息。

上述定义没有直接描述重加密密文的安全性。事实上，如果重加密密文与原始密文具有相同的形式，即敌手不能区分一个原始密文与一个重加密密文，那么上述定义则间接地描述了重加密密文的安全性。

2. 主密钥安全性

主密钥安全性描述了代理服务商即使与某些被代理者攻击也不能恢复出代理者的密钥信息。用下标 c 表示敌手将要挑战的用户、a 表示被敌手腐败的用户。该安全性要求对于任意的 PPT 敌手 A 与 $\mathrm{ReKeyGen}_u \in \overline{\mathrm{ReKeyGen}}$，有

$\Pr[\mathrm{pp} \leftarrow \mathrm{Setup}(1^{\lambda}), (\mathrm{pk}_c, \mathrm{sk}_c) \leftarrow \mathrm{KeyGen}(\mathrm{pp}), \{(\mathrm{pk}_a, \mathrm{sk}_a) \leftarrow \mathrm{KeyGen}(\mathrm{pp})\},$

$\{\mathrm{rk}_{a \rightarrow c}^{u_1} \leftarrow \mathrm{ReKeyGen}_{u_1}(\mathrm{sk}_a, \mathrm{pk}_c)\}, \{\mathrm{rk}_{c \rightarrow a}^{u_2} \leftarrow \mathrm{ReKeyGen}_{u_2}(\mathrm{sk}_c, \mathrm{pk}_a)\},$

$\alpha \leftarrow A\left(\mathrm{pk}_c, \{(\mathrm{pk}_a, \mathrm{sk}_a)\}, \{\mathrm{rk}_{a \rightarrow c}^{u_1}\}, \{\mathrm{rk}_{c \rightarrow a}^{u_2}\}\right) : \alpha = \mathrm{sk}_c] = \mathrm{negl}(\lambda)$

在多跳代理重加密方案中，敌手可以获得不同层级的重加密密钥，如获得 $\mathrm{rk}_{c \rightarrow a}^{u_1}$ 后，还可以获得 $\mathrm{rk}_{a \rightarrow c}^{u_2}$ 或者 $\mathrm{rk}_{a \rightarrow a'}^{u_3}$，其中 a' 也是被敌手所控制的用户。事实上，这些重密钥并不会增加敌手的能力。因此，上述定义描述了在多跳代理重加密方案中的敌手。

5.2.3　算法构造

本节基于多线性映射构造一个非交互式单向多跳的代理重加密方案并证明其安全性。

初始化 $\mathrm{Setup}(1^{\lambda})$：可信中心运行多线性群生成算法 $\mathrm{mp} \leftarrow \mathrm{MultiGen}(1^{\lambda}, n)$。系统公开参数 pp 包括 mp 及其他描述，如消息空间、密文空间等。

密钥生成 KeyGen(pp)：用户 i 随机选择 $x_i \in Z_p$ 作为其私钥，对应的公钥为 $\mathrm{pk}_i = g^{x_i} \in G_1$。

重密钥生成 $\overrightarrow{\mathrm{ReKeyGen}}(\mathrm{sk}_i, \mathrm{pk}_j)$：用户 i 代理密文给用户 j，通过发布一个 u 级重加密密钥 $\mathrm{rk}_{i \to j}^u = e(\mathrm{pk}_j, g_{u-1})^{1/x_i} = g_u^{x_j/x_i}$，其中，$u \in [1, 2, \cdots, n-1]$，该密钥将会秘密发送给代理服务商，可以转化用户 i 的 s 级密文给用户 j，其中 $u+s \leqslant n$。

加密 $\mathrm{Enc}_s(\mathrm{pk}_i, m)$：加密者输入消息 $m \in G_n$ 与用户 i 的公钥 pk_i，随后选择随机数 $k \leftarrow Z_p$ 并计算密文 $C_i^s = (C, C_T) = \left(g_s^{x_i \cdot k}, m \cdot g_n^k \right)$，其中 $g_s^{x_i \cdot k} = e\left(\mathrm{pk}_i, g_{s-1} \right)$。

重加密 $\mathrm{ReEnc}_t\left(\mathrm{rk}_{i \to j}^u, C_i^s \right)$：代理服务商首先计算 $g_{u+s+t}^{x_j \cdot k} = e\left(g_s^{x_i \cdot k}, g_u^{x_j/x_i}, g_t \right)$，其中 $t \in [1, 2, \cdots, n]$ 且 $u+s+t \leqslant n$，然后发送 $u+s+t$ 级密文 $C_j^{u+s+t} = \left(g_{u+s+t}^{x_j \cdot k}, C_T \right)$ 给用户 j。

解密 $\overrightarrow{\mathrm{Dec}}(\mathrm{sk}_i, C_i^s)$：给定一个 s 级密文，用户 i 输入私钥与密文并运行解密步骤，恢复出消息 $m = C_T / e\left(g_s^{x_i \cdot k}, g_{n-s} \right)^{1/x_i}$。

正确性：对于任意的 s 级密文 $C^s = \left(g_s^{x \cdot k}, m \cdot g_n^k \right)$，根据多线性映射的性质有

$$e\left(g_s^{x \cdot k}, g_{n-s} \right)^{1/x} = g_n^k$$

因此 $m = C_T / g_n^k$ 成立。这里的 s 级密文可能是加密步骤的输出，同时也有可能是重加密步骤的输出，根据前述算法描述，两个步骤输出的 s 级密文是一样的。

上述代理重加密方案支持最多 n 次转化重加密。从方案构造中可以看出原始密文的加密者可以决定他所生成的原始密文可以被转化多少次，如果发送方运行 n 级加密算法 Enc_n，那么得到的密文 $C_i^n = \left(g_n^{x_i \cdot k}, m \cdot g_n^k \right)$ 不能被转化重加密。类似地，代理者与服务商都可以决定重加密密文的层级。上述代理重加密算法具有单向性、非交互式密钥生成、透明性、抗合谋性、密钥最优性和不可转移性等性质。具体地，单向性、非交互式密钥生成、密钥最优性和不可转移等性质都可以直接观察方案构造得知。此外，任何经过转化算法得到的转化密文都可以直接通过合适的加密算法得到，因此任何人都无法区分原始密文与重加密密文，使方案具有服务商透明性。主密钥安全性蕴含了抗合谋性，主密钥安全性证明见 5.2.4 节。

5.2.4　算法安全性

本节证明 5.2.3 节构造的多跳代理重加密体制的安全性，需要基于如下两个困难问题假设。

假设 5.1　给定 (g, g^a, g^c, Q)，其中 $g \leftarrow G_1$，a，$c \leftarrow Z_p$，$Q \in G_n$，判断等式 $Q = g_n^{a/c}$ 是否成立是困难的。

假设 5.2　给定 (g, g^c)，即便是可以得到多项式个随机元素的 c 次根，计算指数 c 依然是困难的。

上面的两个安全假设可以看成文献[75]中对应的两个假设在多线性映射环境中的推广。

1. 标准安全性

证明　首先需要注意到任意用户 i 的密文具有 n 种形式，$C_i^s = \left(g_s^{x_i \cdot k}, m \cdot g_s^k \right)$，其中 $s \in [1, 2, \cdots, n]$。但是，任意 $g_s^{x_i \cdot k}$，其中 $s \in [2, 3, \cdots, n]$，可以利用多线性映射的性质从第一层密文计算出来，如 $g_s^{x_i \cdot k} = e\left(g^{x_i \cdot k}, g_{s-1} \right)$。因此，很明显第一层密文比其他层级的密文揭示了更多的信息。因此，我们只需考虑第一层密文的语义安全性，而其他层级密文的安全性可以由第一层密文的安全性推导得到。

令 $g^a = g^{ck}$，其中 $k \in Z_p$ 未知。在标准安全游戏里面，首先挑战者设置 $C^* = (g^a, m \cdot Q)$ 作为挑战公钥 g^c 的挑战密文，然后，挑战者将挑战密文发给敌手 A。这里可以注意到如果 $Q = g_n^{a/c} = g_n^{ck/c} = g_n^k$，那么得到的挑战密文 C^* 是挑战消息 m 的一个正确加密。否则，它就是一个随机值。因此，如果一个敌手能打破上面的代理重加密方案的标准安全性，那么就可以利用敌手构造一个有效的挑战者打破上面的安全假设。

主密钥安全要求代理服务商（拥有重加密密钥）即使是与某些被代理者勾结也不能恢复代理者的私钥。在上述方案中，重加密密钥有 $n-1$ 种形式，$\mathrm{rk}_{c \to a}^u = g_u^{a/c}$，其中 $u \in [1, 2, \cdots, n-1]$。但是，可以注意到任意 $g_u^{a/c}$，其中 $u \in [2, 3, \cdots, n-1]$，都可以利用第一层重密钥 $g^{a/c}$ 将其计算出来。因此，用户的第一层重加密密钥将会比其他层级的代理密钥泄露更多的信息。这里我们只需考虑第一层代理密钥的安全性，其他层级重加密密钥的安全性可以由第一层重加密密钥的安全性推导得到。

2. 主密钥安全性

方案的主密钥安全性依赖于假设 5.2。根据主密钥安全性的定义，允许敌手从挑战者处获得密钥 $\left(\mathrm{pk}_c, \{(\mathrm{pk}_a, \mathrm{sk}_a)\}, \{\mathrm{rk}_{a \to c}^{u_1}\}, \{\mathrm{rk}_{c \to a}^{u_2}\} \right)$，其中挑战者可以自己计算 $\left(\mathrm{pk}_c, \{(\mathrm{pk}_a, \mathrm{sk}_a)\}, \{\mathrm{rk}_{a \to c}^{u_1}\} \right)$，而 $\mathrm{rk}_{c \to a}^{u_2}$ 可以通过询问假设 5.2 的挑战者获得。最终，如果敌手输出了挑战用户的私钥，即使是指数 c，本节也可以构造一个有效的挑战者输出同样的指数 c 作为如上假设 5.2 的解，从而打破了假设 5.2。

5.3　基于多线性映射的代理重签名体制

在一个代理重签名（proxy re-signature，PRS）体制中，首先代理者将一个重签名密钥 $\mathrm{rk}_{i\to j}$ 发给一个半诚实的代理服务商，然后，该服务商可以利用该重签名密钥将代理者指定的被代理者 i 的有效签名转化为代理者 j 的关于同一个消息 m 的签名。但是，该服务商自己并不能单独计算出用户 i 或者 j 的有效签名。代理重签名适用于许多应用场景，如共享网络证书、认证网络路径等，具体应用描述可参见相关文献。

Blaze 等[74]首次提出代理重签名这一概念，但是文献[74]所提出的代理重签名的概念与已有的代理签名概念有一些混淆。为了避免文献中概念所造成的混淆，Ateniese 和 Hohenberger[75]在 CCS 2005 会议上重新考虑代理重签名并给出了一个合适的定义。此外，他们还指出代理重签名方案最好具备如下几个性质。

（1）单向性。重签名密钥 $\mathrm{rk}_{i\to j}$ 只支持服务商转化用户 i 的签名为用户 s 的签名，反之不行。如果某方案不具备这个性质，那么称其为双向的代理重签名方案。

（2）多跳性。一个从用户 i 转化为用户 j 的签名还可以继续被转化为用户 k 的签名，反之，如果某方案只支持转化一次，那么称该方案为单跳代理重签名方案。

（3）秘密服务商。重签名密钥 rk 可以由诚实的代理服务商秘密保存。反之，在公开的代理重签名方案中，重签名密钥可以从重签名中恢复并计算出来。

（4）透明性。这一概念意味着用户不知道代理服务商的存在。正式地，由代理者 i 计算出的关于消息 m 的签名与由代理服务商计算出来的关于同一个消息 m 的签名是计算不可区分的。这一概念还蕴含了重签名算法的输入输出是不可链接的。

（5）密钥规模最优性。不管用户代理了或者被代理了多少次，该用户也只需管理与存储很小规模的密钥即可。

（6）非交互式代理密钥生成。代理者 j 可以非交互式地生成任意代理密钥 $\mathrm{rk}_{i\to j}$，被代理者 i 不需要参与该算法。

（7）不可转移性。代理服务商自己不能生成新的代理密钥。例如，拿到代理密钥 $\mathrm{rk}_{i\to j}$ 与 $\mathrm{rk}_{j\to k}$，它不能计算出 $\mathrm{rk}_{i\to k}$。

本节利用不可区分混淆器 (iO) 构造一个多跳单向代理重签名体制，从而回答文献[74]提出的公开问题。

本节构造的代理重签名体制与现有文献所构造的代理重签名体制不同，签名的生成与验证开销独立于签名转化次数。因此，本节提出的代理重签名算法解决了 Libert 和 Vergnaud 在文献[81]中留下的挑战问题。此外，本节体制有如下性质：

①不需要随机预言假设；②支持任意次转化；③满足 Ateniese 和 Hohenberger[75]所提出的前六个性质。

5.3.1　算法定义

一个非交互式代理重加密算法由以下 5 个 PPT 算法组成。

密钥生成 KeyGen(1^λ)：输入安全参数 λ，输出公钥 pk 与私钥 sk。

重签名密钥生成 ReKeyGen(pk_i, sk_j)：输入被代理者 i 的公钥 pk_i 与代理者 j 的私钥 sk_j，输出一个重签名密钥 $\text{rk}_{i \to j}$。因为仅需要代理者的隐私输入，所以该算法是非交互式的。

签名 Sign(sk, m)：输入一个私钥 sk 与一条消息 m，输出一个签名 σ。

重签名 ReSign($\text{rk}_{i \to j}, m, \sigma_i$)：输入重签名密钥 $\text{rk}_{i \to j}$ 与被代理者 i 的一个关于消息 m 的签名 σ_i，如果该签名有效，那么算法输出关于代理者的且关于同一条消息 m 的签名 σ_j；否则，输出 ⊥。

验证 Verify(pk, m, σ)：输入签名 (pk, m, σ)，若有效，则输出 1，表示接受该签名；否则，输出 0 并拒绝该签名。

正确性：对于任意 $\lambda \in N$、消息 m、密钥 $(\text{pk}_i, \text{sk}_i)$、$(\text{pk}_j, \text{sk}_j) \leftarrow \text{KeyGen}(1^\lambda)$、重签名密钥 $\text{rk}_{r \to j} \leftarrow \text{ReKeyGen}(\text{sk}_j, \text{pk}_i)$、签名 $\sigma_i \leftarrow \text{Sign}(\text{sk}_i, m)$，有 $\Pr[\text{Verify}(\text{pk}_i, m, \sigma_i) = 1] = 1$，$\Pr\left[\text{Verify}\left(\text{pk}_j, m, \text{ReSign}(\text{rk}_{i \to j}, m, \sigma_i)\right) = 1\right] = 1$。

5.3.2　安全模型

代理重签名体制的安全模型分为两大类：外部安全性与内部安全性。

1. 外部安全性

外部安全性保护签名者免受系统外部人员的攻击，即敌手既不是服务商也不是任何代理成员。该概念等价于标准的存在性不可伪造性定义。对于任意 $n = \text{poly}(\lambda)$ 及所有 PPT 敌手 A，有

$$\Pr[\{(\text{pk}_i, \text{sk}_i) \leftarrow \text{KeyGen}(1^\lambda)\}_{i \in [n]},$$

$$(t, m^*, \sigma^*) \leftarrow A^{O_{\text{Sign}}(\cdot, \cdot), O_{\text{ReSign}}(\cdot, \cdot, \cdot, \cdot)}\left(\{\text{pk}_i\}_{i \in [n]}\right):$$

$$\text{Verify}(\text{pk}_t, m^*, \sigma^*) = 1 \wedge t \in [n] \wedge (t, m^*) \notin Q$$

$$= \text{negl}(\lambda)$$

式中，签名预言机 $O_{\text{Sign}}(\cdot, \cdot)$ 输入指标 $i \in [n]$ 与一个消息 m，随后计算一个签名

$\sigma_i \leftarrow \text{Sign}(\text{sk}_i, m)$；重签名预言机 $O_{\text{ReSign}}(\cdot,\cdot,\cdot)$ 输入两个不同的指标 $i, j \in [n]$、一个消息 m 与一个签名 σ_i，随后计算一个重签名 $\sigma_j \leftarrow \text{ReSign}\big(\text{ReKeyGen}(\text{pk}_i, \text{sk}_j), m, \sigma_i\big)$；$Q$ 表示输入到签名预言机 O_{Sign} 进行过签名询问的签名者-消息对（i, m）或者是输入到重签名预言机 O_{ReSign} 进行过重签名询问的一个四元组 $(j, i, m, *)$，$j \in [n]$。

这里需要注意的是代理重签名方案的外部安全性只有在有秘密服务商性质的情况下才有意义。如果重签名密钥可以被公开地计算出来，那么这里的敌手实际上就不再仅是个外部敌手，而是一个恶意代理服务商。

2. 内部安全性

内部安全性保护用户免受不诚实的代理服务商与代理用户勾结发起的攻击。内部安全性又分为如下三种情形。

1）抗恶意代理服务商攻击

安全性描述了如果代理者与被代理者都是诚实的，那么有①服务商不能代表代理者签名除非某消息已经被代理者指定的被代理者所签署；②服务商不能代表被代理者签署任何消息。对于任意 $n = \text{poly}(\lambda)$ 及任意 PPT 敌手 A：

$$\Pr[\big\{(\text{pk}_i, \text{sk}_i) \leftarrow \text{KeyGen}(1^\lambda)\big\}_{i \in [n]},$$
$$\big\{\text{rk}_{i \to j} \leftarrow \text{ReKeyGen}(\text{pk}_i, \text{sk}_j)\big\}_{i, j \in [n]},$$
$$(t, m^*, \sigma^*) \leftarrow A^{O_{\text{Sign}}(\cdot,\cdot)}\big(\{pk_i\}_{i \in [n]}, \big\{\text{rk}_{i \to j}\big\}_{i, j \in [n]}\big):$$
$$\text{Verify}(\text{pk}_t, m^*, \sigma^*) = 1 \wedge t \in [n] \wedge m^* \notin Q]$$
$$= \text{negl}(\lambda)$$

2）被代理者安全性

被代理者安全性描述的是如果被代理者是诚实的，那么即使有恶意的服务商与代理者勾结也不能伪造该被代理者的有效签名。用指标 0 来表示被代理者。对于任意的 $n = \text{poly}(\lambda)$ 及所有 PPT 敌手 A：

$$\Pr[\big\{(\text{pk}_i, \text{sk}_i) \leftarrow \text{KeyGen}(1^\lambda)\big\}_{i \in [0, n]},$$
$$(m^*, \sigma^*) \leftarrow A^{O_{\text{Sign}}(0, \cdot)}\big(\text{pk}_0, \{\text{pk}_i, \text{sk}_i\}_{i \in [n]}\big):$$
$$\text{Verify}(\text{pk}_0, m^*, \sigma^*) = 1 \wedge m^* \notin Q]$$
$$= \text{negl}(\lambda)$$

式中，签名预言机 $O_{\text{Sign}}(0, \cdot)$ 输入消息 m 并计算一个签名 $\sigma_0 \leftarrow \text{Sign}(\text{sk}_0, m)$，$Q$ 表示询问过签名预言机 O_{Sign} 的消息 m 集合。

3）代理者安全性

代理者安全性描述的是如果代理者是诚实的，那么即使有恶意的服务商与被代理者勾结也不能伪造该代理者的有效签名。用指标 0 来表示代理者。对于任意 $n = \mathrm{poly}(\lambda)$ 及所有的 PPT 敌手 A，有

$$\Pr\left[\left\{(\mathrm{pk}_i, \mathrm{sk}_i) \leftarrow \mathrm{KeyGen}(1^\lambda)\right\}_{i \in [0,n]},\right.$$

$$\left\{\mathrm{rk}_{i \to j} \leftarrow \mathrm{ReKeyGen}(\mathrm{pk}_i, \mathrm{sk}_j)\right\}_{i,j \in [0,n]},$$

$$(m^*, \sigma^*) \leftarrow A^{O_{\mathrm{Sign}}(0, \cdot)}\left(\mathrm{pk}_0, \{\mathrm{pk}_i, \mathrm{sk}_i\}_{i \in [n]}, \{\mathrm{rk}_{i \to j}\}_{i,j \in [0,n]}\right):$$

$$\mathrm{Verify}(\mathrm{pk}_0, m^*, \sigma^*) = 1 \wedge m^* \notin Q]$$

$$= \mathrm{negl}(\lambda)$$

式中，签名预言机 $O_{\mathrm{Sign}}(0, \cdot)$ 输入消息 m 并计算签名 $\sigma_0 \leftarrow \mathrm{Sign}(\mathrm{sk}_0, m)$；$Q$ 表示询问过签名预言机 O_{Sign} 的消息集合；伪造 σ^* 是一个第一级签名。

需要注意代理者安全性只有在重签名是分层的情况下才有意义，换句话说，如果代理者自己计算出的签名与由服务商转化生成的签名是相同的，那么明显恶意的服务商与被代理者勾结可以代表代理者签署任意消息 m^*，即 $\sigma_0 \leftarrow \mathrm{ReSign}\left(\mathrm{rk}_{i \to 0}, m^*, \mathrm{Sign}(\mathrm{sk}_i, m^*)\right)$，其中下标 i 表示被代理者。因此，在这种情况下无法得到代理者安全性。

选择性安全。针对以上三个安全模型，均可考虑对应的选择性安全定义，在选择性安全定义中，要求敌手 A 在初始化前就给出将要挑战的消息 m^*，随后敌手不能输入 m^* 以询问签名预言机。

5.3.3　算法构造

本节利用不可区分混淆（iO）、受限的 PRF 与抗第二原象性（second pre-image resistance，SPR）函数构造一个单向多跳的代理重签名体制。

密钥生成 KeyGen (1^λ)：每个用户 i 随机选择一个 PRF 密钥 K_i 作为他的私钥 sk_i。对应地，他的公钥 pk_i 为一个验证程序 P_i 的混淆。用户 i 的验证程序 P_i 如表 5.1 所示。

重密钥生成 ReKeyGen $(\mathrm{pk}_i, \mathrm{sk}_j)$：代理者 j 生成一个转化程序 $P_{i \to j}$。重签名密钥 $\mathrm{rk}_{i \to j}$ 就是该转化程序的混淆。用户 i 到 j 的转化程序 $P_{i \to j}$ 如表 5.2 所示。

签名 Sign (sk_i, m)：用户 i 的签名 $\sigma_i = F(K_i, m)$。

重签名 ReSign $(\mathrm{rk}_{i \to j}, m, \sigma_i)$：代理服务商输入 (m, σ_i) 运行转化程序以转化代理者 i 的签名 σ_i 为被代理者 j 的签名 σ_j。

验证 Verify $(\mathrm{pk}_i, m, \sigma_i)$：验证者输入 (m, σ_i) 运行用户 i 的验证程序以验证签名的有效性。

表 5.1　用户 i 的验证程序 P_i

常量：PRF 密钥 K_i。

输入：消息 m、签名 σ_i。

验证等式 $g(\sigma_i) \overset{?}{=} g\big(F(K_i, m)\big)$ 是否成立。若成立，则输出 1；否则输出 0。

表 5.2　用户 i 到 j 的转化程序 $P_{i \to j}$

常量：用户 j 的私钥 K_j、用户 i 的公钥 pk_i。

输入：消息 m、签名 σ_i。

验证等式 $\mathrm{Verify}(\mathrm{pk}_i, m, \sigma_i) \overset{?}{=} 1$ 是否成立。若成立，则输出 $F(K_j, m)$；否则输出 $\perp$。

5.3.4　算法性质

本节分析 5.3.3 节构造的代理重签名体制所具有的性质。

（1）正确性。方案正确性可直接观察上述方案的签名算法、重签名算法与验证算法的具体构造得到。

（2）签名规模与验证开销。对于任意用户 i 与消息 m，由签名与重签名算法生成的签名都是 $F(K_j, m)$。因此，签名规模与验证开销都是独立于签名转化次数的。

（3）多被代理者。可以注意到由代理者 j 所生成的转化程序 $P_{i \to j}$ 中，仅有一个公钥 pk_i 以表示被代理者身份 i。因此转化程序 $P_{i \to j}$ 仅支持代理服务商转化用户 i 的签名为 j 的签名。事实上，在上述方案构造中，可以很容易扩展其为支持多个被代理者的代理重签名方案。在支持多个被代理者方案中，代理者选择多个被代理者的公钥 $\{\mathrm{pk}_1, \mathrm{pk}_2, \cdots\}$ 并将它们设置在转化程序 $P_{\{i_1, i_2, \cdots\} \to j}$ 中。

（4）单向性。重签名密钥 $\mathrm{rk}_{i \to j}$ 只包含了用户 j 的私钥 K_j，因此该密钥仅能转化用户 i 的签名为用户 j 的签名。

（5）无限次转化。观察上述方案不难发现，在上述方案中，任意签名都可以被重签名任意次。

（6）秘密服务商。一个重签名密钥是一个程序，因此任何人都不能从一个重签名与其对应的原签名中恢复并计算出该重密钥。

（7）透明性。代理者 j 的原始签名与重签名的形式是完全一样的。

（8）密钥规模最优性。每个用户只需秘密保存他自己的私钥即可。

（9）非交互式重密钥生成。重签名密钥 $\mathrm{rk}_{i \to j}$ 只包含代理者 j 的私钥与被代理者 i 的公钥。

（10）不可转移性。可以注意到在上述方案中，服务商都可以简单地复合两个

重签名密钥 $rk_{i \to j}$ 与 $rk_{j \to k}$ 并将其作为一个单独的转化密钥 $rk_{i \to k}$，该密钥能转化用户 i 的签名为用户 k 的签名。因此上述方案不满足该性质。

5.3.5　算法安全性

根据前述定义可知，代理重签名需要满足外部安全性与内部安全性。

1. 外部安全性

外部安全性通过一系列连续游戏的方式证明所提方案的安全性，首先证明任意的 PPT 敌手在连续两个游戏世界中的优势是多项式接近的，然后证明在最后一个游戏世界中，任意 PPT 敌手的优势是可忽略的。

$Game_0$：该游戏对应于真实的选择性不可伪造性游戏，在该游戏中，敌手 A 一开始就提交挑战消息 m^*。挑战者 C 如下所示。

挑战者 C 猜测敌手 A 将要挑战的用户 t。

挑战者 C 随机选择 n 个 PRF 密钥 K_i 与一个 SPR 函数 g。

挑战者 C 设置 $\left\{\left(sk_i = K_i, pk_i = iO(P_i)\right)\right\}_{i \in [n]}$ 并将公钥发送给敌手 A。

敌手 A 输入 (i,m) 询问签名预言机 O_{Sign}，挑战者 C 返回签名 $\sigma_i = F(K_i,m)$。

敌手 A 输入 (i,j,m,σ_i) 询问重签名预言机 O_{ReSign}，挑战者 C 首先验证 σ_i 的正确性，验证 $Verify(pk_i,m,\sigma_i) \overset{?}{=} 1$ 是否成立。若有效，则返回 $\sigma_j = F(K_j,m)$。否则返回 $\perp$。

敌手 A 输出伪造 (t',m^*,σ^*)。如果 $t' \neq t$，那么挑战者 C 没有正确猜测挑战用户，输出 $\perp$ 并退出游戏。否则 $t' = t$（该事件概率为 $1/n$），如果 $Verify(pk_t,m^*,\sigma^*) = 1$ 且敌手 A 没有将 (t,m^*) 输入到签名预言机 O_{Sign} 且没有将 (j,t,m^*,σ_j)，$j \in [n]$ 输入到重签名预言机 O_{ReSign}，则称敌手 A 赢得了该游戏。

$Game_1$：在该游戏中，我们更改用户 t 的公钥生成方式。令 $z^* = F(K_t,m^*)$ 并设置用户 t 的公钥为下述程序 P_t^* 的混淆（表 5.3）。程序 P_t 与 P_t^* 规模相同。

表 5.3　用户 t 的验证程序 P_t^*

常量：PRF 密钥 $K_t(\{m^*\})$、值 m^* 与 z^*。

输入：消息 m、签名 σ_t。

①如果 $m = m^*$，验证等式 $g(\sigma_t) = g(z^*)$ 是否成立。若成立，则输出 1，否则输出 0；

②如果 $m \neq m^*$，验证等式 $g(\sigma_t) = g(F(K_t,m))$ 是否成立，若成立，则输出 1，否则输出 0。

$Game_2$：在该游戏中，我们更改数值 z^* 的生成方式。在该游戏中，令 $z^* = r$，

其中 r 是从 SPR 函数的定义域中随机选取的一个值。

引理 5.1　如果方案选取的 iO 是安全的，那么没有 PPT 敌手可以区分游戏 $Game_0$ 与 $Game_1$。

证明　可以注意到程序 P_t 与 P_t^* 的输入输出模式是一样的。两个程序的唯一区别就是 P_t 自行计算 $F(K_t, m^*)$，而程序 P_t^* 则是给定 $F(K_t, m^*)$ 作为一个常量 z^*。因此，如果存在敌手在两个游戏世界中的优势不一样，那么存在一对有效的算法 $(Samp, D)$ 能打破 iO 的不可区分性。采样算法 Samp 提交两个规模相同的程序 $C_0 = P_t$ 与 $C_1 = P_t^*$ 给 iO 挑战者。根据定义，Samp 会受到一个关于程序 C_0 或 C_1 的混淆。如果 iO 挑战者选择了 C_0，敌手将处在游戏 $Game_0$ 中，如果 iO 挑战者选择了 C_1，敌手将处在游戏 $Game_1$ 中。如果敌手赢得了游戏，那么区分器 D 输出 1。总之，任意在游戏世界 $Game_0$ 与 $Game_1$ 中具有不同优势的 PPT 敌手都会导致存在一对有效的算法 $(Samp, D)$ 能打破 iO 的不可区分性。

引理 5.2　如果方案选取的受限的 PRF 是安全的，那么没有 PPT 敌手可以区分游戏 $Game_1$ 与 $Game_2$。

证明　如果存在敌手能区分游戏 $Game_1$ 与 $Game_2$，那么存在一对有效的算法 (A_1, A_2) 能打破受限 PRF 在受限点 m^* 的伪随机性。算法 A_1 首先从敌手处获得挑战消息 m^*。然后它提交 m^* 给受限 PRF 的挑战者，根据受限 PRF 的安全定义，该挑战者会返回一个受限密钥 $K_t(\{m^*\})$ 与一个挑战值 z^*。如果 $z^* = F(K_t, m^*)$，那么我们在游戏 $Game_1$ 中；如果 z^* 是一个随机选择的值，那么我们在游戏 $Game_2$ 中。如果敌手赢得了游戏，即该敌手能以不可忽略的优势区分游戏世界 $Game_1$ 和 $Game_2$，那么算法 A_2 输出 1。综上所述，如果存在 PPT 敌手在两个游戏世界 $Game_1$ 和 $Game_2$ 中具有不同的优势，那么一定可以构建有效算法 (A_1, A_2) 打破受限 PRF 的安全性。

定理 5.1　基于上述引理，构造的代理重签名方案具有选择性的外部安全性。

证明　上述引理显示了任意两个连续的游戏世界中，任意 PPT 敌手的优势都是可忽略接近的。现在需要证明在最后一个游戏世界 $Game_2$ 中，任意 PPT 敌手的优势都是可忽略的。如果存在一个敌手在 $Game_2$ 中的优势是不可忽略的，那么我们可以构造一个有效的挑战者 C 打破 SPR 函数的安全性。挑战者 C 首先从敌手处获得挑战消息 m^*，并从 SPR 函数挑战者处拿到挑战值 x，然后，令 $z^* = x$。如果一个敌手 A 成功伪造了消息 m^* 的签名，那么根据验证步骤可知，该伪造签名 σ^* 一定满足等式 $g(\sigma^*) = g(z^*) = g(x)$。$B$ 输出 $x' = \sigma^*$ 作为给定的 SPR 挑战实例的解。由于敌手 A 没有关于 SPR 挑战实例 x 的任何信息，因此 $x' \neq x$ 的概率是不可忽略的。因此，如果 SPR 是安全的，那么没有 PPT 敌手可以不可忽略的优势赢得游戏 $Game_2$。

在外部安全游戏中，敌手不能获得任何重签名密钥，因此，我们没有必要构造任何重签名密钥 $P_{i \to j}$。

2. 内部安全性

上面构造的代理重签名方案是不是分层的，即原始签名与转化得到的签名是完全一样的，因此，我们没有必要考虑代理者安全性。下面我们只需证明受限的服务商安全性与被代理者安全性。

1）受限的服务商安全性

该证明思路类似于上面的外部安全性证明。

$Game_0$：该游戏为选择不可伪造性的真实游戏。敌手 A 在游戏开始之前提交挑战消息 m^*，挑战者 C 的构造方式与外部安全性的证明过程一致。

$Game_{1,i}, i \in [0,n]$：在这一系列游戏中，我们逐个改变游戏公钥的构造形式。在游戏 $Game_{1,i}$ 中，前 i 个用户的公钥为如下程序形式的混淆 P_i^*，其中 $z_i^* = F(K_i, m^*)$。其余 $i+1 \sim n$ 个用户的公钥与算法中的公钥生成步骤一样。游戏 $Game_{1,0}$ 即为 $Game_0$。程序 P_i 与 P_i^* 规模相同。

表 5.4 为用户 i 的验证程序 P_i^*。

表 5.4　用户 i 的验证程序 P_i^*

常量：PRF 密钥 $K_i(\{m^*\})$、值 m^* 与 z_i^*。

输入：消息 m、签名 σ_i。

　①如果 $m = m^*$，那么验证等式 $g(\sigma_i) = g(z_i^*)$ 是否成立。若成立，则输出 1，否则输出 0；

　②如果 $m \neq m^*$，验证等式 $g(\sigma_i) = g(F(K_i, m))$ 是否成立，若成立，则输出 1，否则输出 0。

$Game_{2,i}$，其中 $i \neq t$ 且 $i \in [0,n]$：在这一系列游戏中，我们更改重签名密钥 $rk_{i \to t}$ 的形式，其中 $i \neq t$ 且 $i \in [n]$。在 $Game_{2,i}$ 中，前 i 个重签名密钥为如下形式程序的混淆 $P_{i \to t}^*$，其中 $z_i^* = F(K_t, m^*)$。剩下的 $i+1 \sim n$ 个重签名密钥为真实方案中的程序 $P_{i \to t}$ 的混淆。游戏 $Game_{2,0}$ 即为 $Game_{1,n}$。程序 $P_{i \to t}$ 与 $P_{i \to t}^*$ 规模相同。

表 5.5 为用户 i 到 j 的转化程序 $P_{i \to j}$。

表 5.5　用户 i 到 j 的转化程序 $P_{i \to j}$

常量：受限 PRF 密钥 $K_i(\{m^*\})$、消息 m^*、值 z_t^*、公钥 pk_i。

输入：指标 i 与 t、消息 m、签名 σ_i。

　①验证 $Verify(pk_t, m^*, \sigma^*) = 1$ 是否成立。若不成立，则输出 $\perp$，否则操作如下。

　②如果 $m = m^*$，那么输出 z_t^*，否则输出 $F(K_i, m^*)$。

$Game_{3,i}, i \in [n]$：在这一系列游戏中，我们更改在挑战点 m^* 的 PRF 值的形式。即在 $Game_{3,i}$ 中，前 i 个程序 P_i^* 中的 PRF 值为 $z_i^* = r_i$，其中 r_i 是随机选择的。其余

$i+1 \sim n$ 个程序中的 PRF 值依然为 $z_i^* = F(K_i, m^*)$ 。当 $i = t$ （即挑战用户）时，程序 $P_{i \to t}^*$ 中的 z_i^* 值都需要被一些随机的 r_t 所代替。游戏 $\text{Game}_{3,0}$ 即为 $\text{Game}_{2,n}$ 。

引理 5.3　如果方案选取的 iO 是安全的，那么没有 PPT 敌手能区分游戏 $\text{Game}_{1,i}$ 与 $\text{Game}_{1,i+1}$ ，其中 $i \in [0, n-1]$ 。

证明　首先注意到程序 P_i 与 P_i^* 输入输出行为是一样的。两个程序的唯一区别就是 P_i 自行计算 $F(K_i, m^*)$ ，而 P_i^* 则是给定 $F(K_i, m^*)$ 并将其作为一个常量 z_i^* 。因此，如果存在敌手在两个游戏中的优势不一样，那么我们就能构造一对非一致性的算法 (Samp_i, D_i) 来打破 iO 的不可区分性。（关于程序 P_i 与 P_i^* ）。首先，采样算法 Samp_i 提交两个规模相同的程序 $C_{i,0} = P_i$ 与 $C_{i,1} = P_i^*$ 给 iO 挑战者。其次，根据定义，Samp_i 会收到一个关于 $C_{i,0}$ 或 $C_{i,1}$ 的混淆。如果 iO 挑战者选择了 $C_{i,0}$ ，那么敌手处在游戏 $\text{Game}_{1,i}$ 中。如果 iO 挑战者选择了 $C_{i,1}$ ，那么敌手处在游戏 $\text{Game}_{1,i+1}$ 中。最后，如果敌手赢得了游戏，区分器 D_i 就输出 1。总之，如果存在一个敌手在游戏世界 $\text{Game}_{1,i}$ 与 $\text{Game}_{1,i+1}$ 具有不同优势，那么会存在有效的算法 (Samp_i, D_i) 来打破 iO 的安全性。

引理 5.4　如果方案选取的 iO 是安全的，那么没有 PPT 敌手能区分游戏 $\text{Game}_{2,i}$ 与 $\text{Game}_{2,i+1}$ ，其中 $i \in [0, n-1]$ 。

证明　引理 5.4 的证明与引理 5.3 的证明是完全平行类似的，因此省去引理 5.4 的证明。

引理 5.5　如果方案选取的受限的 PRF 是安全的，那么没有 PPT 敌手能区分游戏 $\text{Game}_{3,i}$ 与 $\text{Game}_{3,i+1}$ ，其中 $i \in [0, n-1]$ 。

证明　如果存在一个 PPT 敌手能以不可忽略的优势区分两个游戏 $\text{Game}_{3,i}$ 与 $\text{Game}_{3,i+1}$ ，其中 $i \in [0, n-1]$ ，那么我们就能构造一对有效的非一致的算法 $(A_{i,1}, A_{i,2})$ 打破受限 PRF 在挑战点 m^* 的安全性（关于密钥 K_i ）。算法 $A_{i,1}$ 首先从敌手获得挑战消息 m^* 。其次，提交 m^* 给受限 PRF 的挑战者，根据定义，挑战者会返回一个受限密钥 $K_i\{(m^*)\}$ 与一个挑战值 z_i^* 。如果 $z_i^* = F(K_i, m^*)$ ，那么敌手处于游戏 $\text{Game}_{3,i+1}$ 中。如果是随机选择的数值，那么敌手处于游戏 $\text{Game}_{3,i}$ 中。最后，如果敌手赢得了游戏，区分器 $A_{i,2}$ 就输出 1。总之，如果存在一个敌手在游戏世界 $\text{Game}_{3,i}$ 与 $\text{Game}_{3,i+1}$ 具有不同优势，那么会存在一对有效的算法 $(A_{i,1}, A_{i,2})$ 能打破受限 PRF 的伪随机性。

定理 5.2　基于引理 5.3 ~ 引理 5.5，构造的代理重签名方案可以抵抗受限服务商攻击。

证明　上述引理说明了任意两个游戏世界中任意 PPT 敌手的优势是可忽略接近的。本节证明在最后一个游戏世界 $\text{Game}_{3,n}$ 中，任意 PPT 的恶意的受限的服务商敌手都不能以不可忽略的优势赢得游戏。如果存在敌手能以不可忽略的优势赢得游戏 $\text{Game}_{3,n}$ ，本节能构造一个有效的挑战者 C 打破 SPR 函数的安全性。挑战

者 C 从敌手处获得 m^*，且从 SPR 挑战者处获得 SPR 挑战值 x。随后，令 $z_t^* = x$。如果敌手能成功伪造关于挑战消息 m^* 的签名，根据假设它计算了签名 σ^* 使得 $f(\sigma^*) = f(z_t^*) = f(x)$。挑战者 C 输出 $x' = \sigma^*$ 作为给定的 SPR 挑战实例的解。在最后一个游戏世界中，敌手 A 没有关于 SPR 挑战实例的任何信息，因此 $x' \neq x$ 的概率是不可忽略的。因此，如果 SPR 函数是安全的，那么没有 PPT 敌手能以不可忽略的优势赢得最后一个游戏。定理得证。

2）被代理者安全性

定义如下游戏。

Game_0：该游戏对应于真实的游戏。敌手 A 在游戏开始之前提交挑战消息 m^*。构造一个挑战者 C，如下：

挑战者 C 随机选择 $n+1$ 个 PRF 密钥 $K_i, i \in [0, n]$ 与一个 SPR 函数 f，令指标 0 表示被代理者。

挑战者 C 令 $\left\{ \left(\mathrm{sk}_i = K_i, \mathrm{pk}_i = \mathrm{iO}(P_i) \right) \right\}_{i \in [0, n]}$。敌手可以拿到所有的 $\{K_i, \mathrm{pk}_i\}_{i \in [n]}$ 与 $\mathrm{iO}(P_0)$。

敌手 A 输入 m 询问签名预言机 O_{Sign}，挑战者 C 返回 $\sigma_0 = F(K_0, m)$。

敌手 A 输出伪造 (m^*, σ^*)。如果 $\mathrm{Verify}(\mathrm{pk}_0, m^*, \sigma^*) = 1$ 且 m^* 没有被询问过签名预言机 O_{Sign}，就称敌手 A 赢得了游戏。

Game_1：在该游戏中，改变代理者 0 的公钥为如下程序 P_0^* 的混淆，其中 $z^* = F(K_0, m^*)$。程序 P_0 与 P_0^* 的规模相等。

表 5.6 为代理者的验证程序 P_0^*。

表 5.6　代理者的验证程序 P_0^*

常量：PRF 密钥 $K_0(\{m^*\})$、值 m^* 与 z^*。

输入：消息 m、签名 σ_0。

　　如果 $m = m^*$，那么验证等式 $g(\sigma_0) = g(z^*)$ 是否成立。若成立，则输出 1，否则输出 0。

　　如果 $m \neq m^*$，那么验证等式 $g(\sigma_0) = g(F(K_0, m))$ 是否成立，若成立，则输出 1，否则输出 0。

Game_2：在该游戏中，更改值 z^* 的生成方式为 $z^* = r$，其中 r 为一个从 SPR 函数的定义域中随机选择的值。

引理 5.6　如果方案选取的 iO 是安全的，那么没有 PPT 敌手能区分 Game_0 与 Game_1。

证明　两个程序 P_0 与 P_0^* 的输入输出行为模式是一样的。唯一的区别是程序 P_0 自行计算 $F(K_0, m^*)$，而程序 P_0^* 则是给定 $F(K_0, m^*)$ 作为一个常量 z^*。因此，如果存在敌手在两个游戏中的优势不一样，那么我们就能构造一对有效的算法

(Samp, D) 打破 iO 的安全性。首先，采样算法 Samp 提交两个规模相同的程序 $C_0 = P_0$ 与 $C_1 = P_0^*$ 给 iO 挑战者。根据 iO 的定义，Samp 会收到一个关于 C_0 或 C_1 的混淆。如果 iO 挑战者选择了 C_0，那么敌手处于游戏 Game_0 中。如果 iO 挑战者选择了 C_1，那么敌手处在游戏 Game_1 中。最后，如果敌手赢得了游戏，那么区分器 D 就输出 1。总之，如果存在一个敌手在游戏世界 Game_0 与 Game_1 具有不同优势，那么会存在一对有效的算法 (Samp, D) 能打破 iO 的安全性。

引理 5.7　如果方案选取的受限 PRF 是安全的，那么没有 PPT 能区分游戏 Game_1 与 Game_2[52-65]。

证明　如果存在一个 PPT 敌手能以不可忽略的优势区分两个游戏 Game_1 与 Game_2，那么我们能构造一对有效的算法 (A_1, A_2) 打破受限 PRF 在挑战点 m^* 的安全性。算法 A_1 首先从敌手获得挑战消息 m^*，然后提交 m^* 给受限 PRF 的挑战者，根据定义，挑战者会返回一个受限密钥 $K_0(\{m^*\})$ 与一个挑战值 x。如果 $x = F(K_0, m^*)$，那么敌手处于游戏 Game_1 中。如果是随机选择的数值，那么敌手处于游戏 Game_2 中。最后，如果敌手赢得了游戏，那么区分器 A_2 就输出 1。总之，如果存在一个敌手在游戏世界 Game_1 与 Game_2 具有不同的优势，那么会存在一对有效的算法 (A_1, A_2) 能打破受限 PRF 的伪随机性。

定理 5.3　基于引理 5.6 与引理 5.7，构造的代理重签名方案是可以抵抗恶意的代理者与服务商攻击的[66-83]。

证明　上述引理说明了任意两个连续的游戏世界中，任意 PPT 敌手的优势是可忽略接近的。接下来，我们证明在最后一个游戏世界 Game_2 中，任意 PPT 敌手都不能以不可忽略的优势赢得游戏。如果存在敌手能以不可忽略的优势赢得该游戏，那么我们能构造一个游戏的挑战者 C 打破 SPR 函数的安全性。挑战者 C 从敌手获得 m^*，且从 SPR 函数的挑战者获得 SPR 挑战值 x。随后，令 $z^* = x$。如果敌手 A 能成功伪造挑战消息 m^* 的一个有效签名，这就意味着敌手 A 生成了签名 σ^* 使得 $g(\sigma^*) = g(z^*) = g(x)$。挑战者 C 输出 $x' = \sigma^*$ 作为给定的 SPR 挑战实例的解。本节需要说明的是 $x' \neq x$ 的概率不可忽略，事实上这是很明显的，因为在最后一个游戏世界中，敌手 A 没有任何关于该 SPR 挑战实例的信息。因此，如果 SPR 函数是安全的，那么没有 PPT 敌手能以不可忽略的优势赢得最后一个游戏。定理得证。

5.4　通用签名转换器

代理重签名的概念由 Blaze 等[74]提出，随后 Ateniese 和 Hohenberger[75]对这一概念给出了更为详细的定义，使其更符合现实应用场景。在代理重新签名方案中，向半可信代理提供一些信息，使其能够将消息上的 Alice（即委托人）签名转换为同一消息上的 Bob（即委托者）签名。代理重签名方案的安全性要求代理不能单独代表 Alice 或 Bob 生成任意签名。代理重签名是一个非常有用的工具，可以简化密钥管理、共享 Web 证书、验证网络路径、管理组签名等。

在上述两个工作之后，国内外密码学者已经提出了许多代理重签名方案，如多跳单向代理重签名机制、基于标准模型的代理重签名、基于身份的代理重签名方案、门限代理重签名方案、盲代理重签名机制、无证书代理重签名等。然而，所有这些方案都有一个共同点，那就是要求 Alice 和 Bob 采用相同的签名方案与共享参数。在实际应用场景中，共同签名方案和参数要求可能是应用的一大障碍。现有用户已经建立了签名密钥和算法，很难更改。此外，即使用户从签名系统到代理重新签名系统，所有以前生成的签名都不能被重新再签名。为了解决上述限制问题，Ateniese 和 Hohenberger[75]提出了一个开放问题："是否可以构建从一种签名方案转换为另一种签名的代理重签名方案"？

据我们所知，Sunitha 和 Amberker[82]和 Yang 等[83]的工作是解决上述问题仅有的两项工作，其中 Sunitha 和 Amberker[82]构建了一个代理重签名方案，可以将 Alice 的 Schnorr/ElGamal 签名转换为 Bob 的 RSA 签名；Yang 等[83]构建了一个代理重签名方案，可以将 Alice 基于证书的签名转换为 Bob 基于身份的签名。然而，这两个工作中的所有方案都没有形式化的安全性证明。

为了解决 Ateniese 和 Hohenberger[75]的公开问题，本节介绍一个新的密码学原语概念，通用签名转换器（universal signature traslator，UST）。在通用签名转换器中，委托人 Bob 可以创建签名转换器 $rk_{A\to B}$，即代理重签名密钥，转换器的输入为（params，$Sign_B$，sk_B，$Verify_A$，vk_A），其中 params 是系统公共参数，$Sign_B$ 是 Bob 的签名算法，sk_B 是 Bob 的密钥，$Verify_A$ 是 Alice 的验证算法，vk_A 是 Alice 的验证密钥。然后，转换器将被交给一个代理者 proxy，该代理者可以将消息 m 上 Alice 的签名 $\sigma_A(m)$ 转换成同一消息 m 上 Bob 的签名 $\sigma_B(m)$。本节称 Alice 和 Bob 的签名方案分别为基本方案与目标方案。与先前的代理重新签名方案一样，系统的被授权者不需要做任何特殊的事情来允许重新签名，他们可能不知道这样一个系统的存在。通用签名转换器的概念受到了通用签名聚合器的概念的启发，它可以将任何一组签名算法生成的签名集合聚合为一个短签名。

代理重新签名的核心挑战是设计一种方法将签名 $\sigma_A(m)$ 转换为另一个 $\sigma_B(m)$，而无须密钥 sk_B。在先前的代理重新签名方案中，要求两个签名在一个公共群中，如双线性群等。然而，在通用签名转换器中，两个签名可能是由两个不同的签名方案创建的，因此它们不存在于一个共同的组中。基于经典密码工具实现通用签名转换器似乎很困难。

我们的解决方案是通过使用程序混淆工具来克服上述限制的。从构造思路来看，Bob 将生成一个混淆的程序，即转换器 $rk_{A\to B}$，其中包含 ($Sign_B$,sk_B,$Verify_A$,

sk_A) 的描述。然后，代理者将 Alice 的签名 σ_A 和对应的消息 m 输入到转换器中，如果它是有效的，那么通过使用嵌入签名算法 Sign_B 和密钥 sk_B 输出签名 σ_B。乍一看，程序混淆似乎为通用签名转换器提供了一个简单的解决方案。然而，正如 Barak 等[31]所说的，这种混淆对于一般通用程序是不存在的。

为了克服这一限制，我们使用了一个稍弱但可实现的程序混淆概念，即不可区分混淆。任意两个功能与规模均相同的电路通过不可区分混淆器 iO 混淆后，在计算上是不可区分的。Garg 等[32]提供了第一个 iO 候选结构。

半功能 UST。不幸的是，基于 iO 似乎也很难构建一个成熟的通用签名转换器。在这项工作中，本节构建了一个半功能通用签名转换器。在半功能通用签名转换器系统中，基本方案可以是任何签名方案，但目标方案将被强制为固定签名方案。为了证明安全性，本节使用了 Sahai 和 Waters[59]设计的穿刺程序技术，将签名预言符转换为混淆程序。

本节所构造的半功能通用签名转换器可以看作解决 Ateniese 和 Hohenberger[75]开放问题的第一步。

5.4.1　算法定义

本节定义了通用签名转换器算法的概念。允许 ℓ_{sig}、ℓ_{ver}、ℓ_{sk}、ℓ_{vk}、ℓ_{msg} 和 ℓ_σ 是多项式。算法的安全参数为 λ，签名电路的长度为 ℓ_{sig}，验证电路的长度为 ℓ_{ver}，签名密钥的长度为 ℓ_{sk}，验证密钥的长度为 ℓ_{vk}，消息的长度为 ℓ_{msg}，以及签名的长度为 ℓ_σ。为了简单起见，当上下文清楚时，本节将删除 λ。此外，本节假设 Alice 和 Bob 使用的签名方案分别是 $S_A = (\text{KeyGen}_A, \text{Sign}_A, \text{Verify}_A)$ 和 $S_B = (\text{KeyGen}_B, \text{Sign}_B, \text{Verify}_B)$。$S_A$ 称为基本方案，S_A 称为目标方案。

通用签名转换器由以下算法组成。

$\text{Setup}(1^\lambda)$ 算法：将安全参数 λ 作为输入，并输出公共参数 params。

$\text{TranKey}(\text{params}, (\text{Verify}_A, \text{vk}_A, \text{Sign}_B, \text{sk}_B))$ 算法：将公共参数 params 和元组 $(\text{Verify}_A, \text{vk}_A, \text{Sign}_B, \text{sk}_B)$ 作为输入，其中 $(\ell_{\text{ver}}, \ell_{\text{vk}}, \ell_{\text{sig}}, \ell_{\text{sk}})$ 长度合格。它输出一个转换器，即代理重新签名密钥 $\text{rk}_{A \to B}$。

$\text{Translate}(\text{params}, \text{rk}_{A \to B}, (m, \sigma_A))$ 算法：输入公共参数 params、转换器 $\text{rk}_{A \to B}$、消息 m 和签名 σ_A，其中 $(\ell_{\text{msg}}, \ell_\sigma)$ 长度符合参数约定，该算法输出一个 Bob 的关系消息 m 的有效签名 σ_B 或 $\perp$。

正确性：设 $S_A = (\text{KeyGen}_A, \text{Sign}_A, \text{Verify}_A)$ 和 $S_B = (\text{KeyGen}_B, \text{Sign}_B, \text{Verify}_B)$ 是两个签名方案。对于任意安全参数 $\lambda \in N$，$\text{params} \leftarrow \text{Setup}(1^\lambda)$，$\text{rk}_{A \to B} \leftarrow \text{TranKey}(\text{params}, (\text{Verify}_A, \text{vk}_A, \text{Sign}_B, \text{sk}_B))$，$\sigma_B \leftarrow \text{Translate}(\text{params}, \text{rk}_{A \to B}, (m, \sigma_A))$，如果 $(\text{Verify}_A, \text{vk}_A, \text{Sign}_B, \text{sk}_B)$ 的长度 $(\ell_{\text{ver}}, \ell_{\text{vk}}, \ell_{\text{sig}}, \ell_{\text{sk}})$ 符合参数约定，(m, σ_A) 的长度

$(\ell_{\mathrm{msg}}, \ell_\sigma)$ 也符合参数约定，如果 $\mathrm{Verify}_A(\mathrm{vk}_A, m, \sigma_A) = 1$，那么 $\mathrm{Verify}_B(\mathrm{vk}_B, m, \sigma_B) = 1$。

如果 S_A 和 S_B 可以是任何类型的签名方案，那么可以说该签名转换器算法是一个全功能的通用签名转换器系统。如果 S_A 可以是任何签名方案，但 S_B 必须是固定签名方案，那么该签名转换器算法是一个半功能通用签名转换器。

5.4.2 安全模型

现在定义通用签名翻译器的安全模型。设 $S_A = (\mathrm{KeyGen}_A, \mathrm{Sign}_A, \mathrm{Verify}_A)$ 和 $S_B = (\mathrm{KeyGen}_B, \mathrm{Sign}_B, \mathrm{Verify}_B)$ 为任意两个 $(\ell_{\mathrm{sig}}, \ell_{\mathrm{sk}}, \ell_{\mathrm{ver}}, \ell_{\mathrm{vk}}, \ell_{\mathrm{sig}}, \ell_\sigma)$ 长度限定的签名方案。下面考虑由敌手 A 和挑战者 C 进行的游戏。

初始化：挑战者 C 首先运行 $(\mathrm{sk}_A, \mathrm{vk}_A) \leftarrow \mathrm{KeyGen}_A(1^k)$，$(\mathrm{sk}_B, \mathrm{vk}_B) \leftarrow \mathrm{KeyGen}_B(1^k)$ 和 $\mathrm{params} \leftarrow \mathrm{Setup}(1^k)$。其次，运行 $\mathrm{rk}_{A \to B} \leftarrow \mathrm{TranKey}(\mathrm{params}, (\mathrm{Verify}_A, \mathrm{vk}_A, \mathrm{Sign}_B, \mathrm{sk}_B))$。最后，挑战者 C 将 $(\mathrm{vk}_A, \mathrm{vk}_B, \mathrm{rk}_{A \to B})$ 给敌手 A。

签名询问：敌手 A 发送签名 (m, i) 询问获得有效的签名，即 $\sigma_i \leftarrow \mathrm{Sign}_i(\mathrm{sk}_i, m)$，其中 $i \in \{A, B\}$。

伪造：敌手 A 最终输出伪造结果 (m^*, σ_B^*)。

如果 $\mathrm{accept} \leftarrow \mathrm{Verify}_B(\mathrm{vk}_B, m^*, \sigma_B^*)$ 并且 m^* 未作为签名询问的输入，敌手 A 赢得比赛。设 $\mathrm{Adv}_A(\lambda)$ 为敌手 A 赢得游戏的概率。

定义 5.1 设 $S_A = (\mathrm{KeyGen}_A, \mathrm{Sign}_A, \mathrm{Verify}_A)$ 和 $S_B = (\mathrm{KeyGen}_B, \mathrm{Sign}_B, \mathrm{Verify}_B)$ 为任意两个 $(\ell_{\mathrm{sig}}, \ell_{\mathrm{sk}}, \ell_{\mathrm{ver}}, \ell_{\mathrm{vk}}, \ell_{\mathrm{sig}}, \ell_\sigma)$ 长度限定的签名方案。如果对于任何 PPT 敌手 A，$\mathrm{Adv}_A(\lambda)$ 在 λ 中可以忽略，则通用签名转换器系统对于方案 S_A 和 S_B 是安全的。

本节还可以定义一个弱化的安全性安全，即选择性安全模型。在这一弱化的安全模型中，要求敌手 A 提交伪造消息 m^*。

上述安全概念保证，如果 Alice 和 Bob 都是诚实的，那么代理无法为 Bob 创建签名，除非消息首先由 Alice 签名。这些模型与 Ateniese 和 Hohenberger[75] 给出的有限内部安全代理的概念有关，Ateniese 和 Hohenberger[75] 还引入了其他三个安全概念。

（1）外部安全。在这一安全需求中，敌手 A 无法获取 $\mathrm{rk}_{A \to B}$。

（2）代理安全。如果 Alice 是诚实的，那么即便代理和 Bob 串通，也无法伤害到 Alice 的利益。在通用签名转换器系统中，Alice 总是安全的，因为在 TranKey 和 Translate 算法中涉及的关于她的信息只是验证密钥 vk_A，因此如果她不安全，那么这将与签名方案 S_A 的安全性相矛盾。

（3）代理安全。如果 Bob 是诚实的，那么即便代理和 Alice 串通，也无法伤害到 Bob 的利益。显然，通用签名翻译器总是不能满足这种安全性，Alice 首先使用转换器 $\text{rk}_{A \to B}$ 在消息 m 上生成签名 σ_A，由代理人保管。然后他们可以计算 Bob 的签名 σ_B。

5.4.3　算法构造

本节构建一个基于不可区分混淆的半功能通用签名转换器系统。在我们的构造中，基本方案 S_A 可以是任何类型的签名方案，但目标方案 S_B 必须是 SW 方案。本节构造的签名转换器方案思路来自于文献[57]中的非交互式零知识证明方案，具体如下所示。

Setup(1^λ) 算法：首先选择一个安全的不可区分混淆器 iO。其次，基于安全参数 λ 创建参数 ℓ_{sig}、ℓ_{ver}、ℓ_{sk}、ℓ_{vk}、ℓ_{msg} 和 ℓ_σ。最后，将公共参数设置为 params $= (\text{iO}, \ell_{\text{sig}}, \ell_{\text{ver}}, \ell_{\text{sk}}, \ell_{\text{vk}}, \ell_{\text{msg}}, \ell_\sigma)$。

TranKey(params, $(\text{Verify}_A, \text{vk}_A, \text{Sign}_B, \text{sk}_B)$) 算法：该算法由 Bob 运行。代理重签名密钥是实现签名转换器的关键参数，为了实现签名的转换，Bob 构建如表 5.7 所示的签名转换程序，并用不可区分混淆器 iO 将其混淆，得到混淆后的签名转换程序 iO(P_t)，这一混淆程序便是代理重签名密钥 $\text{rk}_{A \to B}$。最后 Bob 将其发送给代理 proxy。

Translate(pp, $\text{rk}_{A \to B}, (m, \sigma_A)$) 算法：该算法由代理 proxy 运行，代理将其作为输入 (m, σ_A) 并输出结果。

表 5.7　从 Alice 到 Bob 签名转换程序 P_t

常数：$\left(\text{Verify}_A, \text{vk}_A, \text{sk}_B := K, \text{Sign} := F(\cdot, \cdot)\right)$。

输入：(m, σ_A)。

①验证 $\text{Verify}_A(\text{vk}_A, m, \sigma_A) = \text{accept}$ 是否成立。

②输出：如果正确，那么输出 $\sigma_B \leftarrow F(K, m)$，如果错误，那么输出 $\perp$。

上述通用签名翻译器的正确性是显而易见的。

5.4.4　算法安全性

本节证明了结构的选择性安全性。我们的证明类似于 SW 论文中非交互零知识的证明。

定理 5.4　假设 iO 是安全的不可区分混淆器，F 是安全的 P-PRF，S_A 是安全

的 $(\ell_{\text{sig}}, \ell_{\text{sk}}, \ell_{\text{ver}}, \ell_{\text{vk}}, \ell_{\text{sig}}, \ell_\sigma)$ 长度限定签名方案，并且 S_B 是 SW 方案，则通用签名翻译器是选择性安全的。

证明 让 $S_A = (\text{KeyGen}_A, \text{Sign}_A, \text{Verify}_A)$ 是安全的 $(\ell_{\text{sig}}, \ell_{\text{sk}}, \ell_{\text{ver}}, \ell_{\text{vk}}, \ell_{\text{sig}}, \ell_\sigma)$ 长度限定签名方案，S_B 是 SW 方案，A 是 PPT 敌手。本节将证明描述为一系列游戏。

Game_0：在该游戏世界中，对应于选择性不可伪造游戏的诚实执行，敌手 A 最初提交了他的挑战消息 m^*。本节构造一个挑战者 C 与敌手 A 进行互动。

挑战者 C 首次运行 $(\text{sk}_A, \text{vk}_A) \leftarrow \text{KeyGen}_A$。其次，挑战者 C 运行 $K \leftarrow \text{KenGen}_P(1^\lambda)$，并选择单向函数 f 来建立 SW 方案 $S_B = (\text{KeyGen}_B, \text{Sign}_B, \text{Verify}_B)$。然后，挑战者 C 基于 Verify_A、vk_A、$\text{Sign}_B := F$ 和 $\text{sk}_B := K$ 构建一个转换器 $\text{rk}_{A \to B}$。最后，挑战者 C 将公开参数 vk_A、vk_B 和 $\text{rk}_{A \to B}$ 发送给敌手 A。

敌手 A 对输入 (m, A) 进行签名询问，挑战者 C 返回 $\sigma_A = \text{Sign}_A(\text{sk}_A, m)$。它还可以对输入 (m, B) 进行签名询问，挑战者 C 返回 $\sigma_B = F(K, m)$。

如果 $\text{Verify}_B(\text{vk}_B, m^*, \sigma_B^*) = 1$ 敌手 A 没有询问过 m^* 的有效签名，那么称敌手 A 赢得了游戏。

Game_1：这个游戏与 Game_0 完全相同，只是我们用程序 P_t^*（表 5.8）的替换了真正的转换器。程序 P_t 和 P_t^* 通过适当的填充，尺寸不会相同。

表 5.8 从 Alice 到 Bob 的转换程序 P_t^*

常数：$\left(\text{Verify}_A, \text{vk}_A, \text{Sign}_B, K_{\{m^*\}} \right)$。

输入：(m, σ_A)。

① 验证 $\text{Verify}_A(\text{vk}_A, m, \sigma_A) = \text{accept}$ 是否成立。

② 输出：若正确，则输出 $\sigma_B \leftarrow F(K, m)$，若错误，则输出 $\perp$。

Game_2：这个游戏与游戏 Game_0 相同，只是我们设 $z = f(F(K, m^*))$ 并用程序 P_v^* 的混淆替换 Bob 的验证密钥 $\text{iO}(P_v)$。程序 P_v 和 P_v^* 通过适当的填充具有相同的大小。

表 5.9 为验证程序 P_v^*。

表 5.9 验证程序 P_v^*

常数：$\left(K_{\{m^*\}}, m^*, z \right)$。

输入：(m, σ_B)。

① 若 $m = m^*$，验证 $f(\sigma_B) = z$ 是否成立；否则，验证 $f(\sigma_B) = f(F(K, m))$ 是否成立。

② 输出：若上一步验证过程正确，则输出 accept，若错误，则输出 reject。

Game$_3$：该游戏与游戏 Game$_2$ 相同，只是 y 的 $z := y$ 是从单向函数的范围内均匀随机选择的。

引理 5.8　如果不可区分混淆 iO 是安全的，那么任何 PPT 敌手都无法区分游戏 Game$_0$ 和 Game$_1$。

证明　从上述游戏定义可以看出，程序 P_t 与 P_t^* 的输入和输出行为是相同的。程序 P_t 和程序 P_t^* 的唯一区别是程序 P_t^* 在点 m^* 的定义为在密钥 K_m 下的 PPRF 值。然而，根据选择性安全的定义，敌手 A 总是不能在质询消息 m^* 上获得有效签名的，也就是说，$F(K, m^*)$ 永远不会被呼叫。因此，如果有一个 PPT 敌手 A 在 Game$_0$ 和 Hyb$_1$ 中具有不同的优势，那么我们可以创建一对算法 $(Samp, D)$ 来破坏 iO 的安全性。Samp 提交了两个程序 $C_0 = P_t$ 和 $C_1 = P_t^*$。然后，Samp 将收到 C_0 或 C_1 的混淆。如果 iO 挑战者选择 C_0，那么敌手 A 位于 Game$_0$。如果 iO 挑战者选 C_1，那么敌手 A 位于 Game$_1$。最后，如果敌手 A 被成功伪造，那么 D 输出 1。总之，任何在 Game$_0$ 和 Game$_1$ 中具有不同优势的敌手都会导致 $(Samp, D)$ 成为 iO 不可区分安全性的攻击者。

引理 5.9　如果不可区分混淆 iO 是安全的，那么任何 PPT 敌手都无法区分 Game$_1$ 和 Game$_2$。

证明　可以看出，程序 P_v 与 P_v^* 的输入和输出行为是相同的。两个程序唯一的区别是程序直接 P_v 计算 $F(K, m^*)$，而程序 P_v^* 直接将 $f(F(K, m^*))$ 定义为一个常量 z。因此，如果有一个 PPT 敌手 A 在 Game$_0$ 和 Game$_1$ 中具有不同的优势，那么我们可以创建一对算法 $(Samp, D)$ 来破坏 iO 的安全性。Samp 提交了两个程序 $C_0 = P_v$ 和 $C_1 = P_v^*$ 的 iO 挑战者。然后，Samp 将收到 C_0 或 C_1 的混淆。如果 iO 挑战者选择 C_0，那么敌手 A 位于 Hyb$_1$。如果 iO 挑战者选 C_1，那么敌手 A 处于 Game$_2$。最后，如果敌手成功伪造，那么 D 输出 1。总之，任何在 Game$_1$ 和 Game$_2$ 中具有不同优势的敌手都会导致 $(Samp, D)$ 成为 iO 不可区分安全性的攻击者。

引理 5.10　如果 PPRF 是安全的，那么 PPT 敌手无法区分游戏 Game$_2$ 和 Game$_3$。

证明　如果有一个 PPT 敌手 A 在 Game$_2$ 和 Game$_3$ 上具有不同的优势，那么我们可以构建一对挑战者 (C_1, C_2) 来破坏穿孔点 m^* 处 PPRF 的安全性。挑战者 C_1 首先获得来自敌手 A 的 m^*。然后提交 m^* 并接收穿孔密钥 K_m 和挑战值 a。观察游戏 Game$_2$ 和 Game$_3$ 不难发现，两个游戏除了 $z = f(a)$ 的设置不一样，其他都一样。如果 $a = F(K, m^*)$，那么敌手 A 在 Game$_2$ 中。如果参数 a 是随机一致选择的，那么敌手 A 在 Game$_3$ 中。如果敌手 A 生成了一个有效签名，那么挑战者 C_2 输出 1。总之，在 Game$_2$ 和 Game$_3$ 中具有不同优势的任何 PPT 敌手都将导致 (C_1, C_2) 作为攻击者来打破 PPRF 的伪随机性。

上述引理表明，连续三个混合游戏中，没有 PPT 敌手能够以不可忽略的优势连续两个游戏世界。我们现在应该表明,在最后一个游戏世界$Game_3$中,任何PPT敌手都不可能以不可忽视的优势取得成功。如果有敌手在$Game_3$中具有不可忽视的优势,那么我们可以使用它来破坏单向函数的安全性。我们构建一个挑战者C,在游戏开始前,挑战者C收到挑战消息m^*和单向函数挑战实例y,然后设置$z := y$。如果敌手成功地伪造了m^*,然后假设他计算了签名σ_B^*使得$f(\sigma_B^*) = z = y$。挑战者B输出σ_B^*作为给定单向函数质询实例的解。因此,如果单向函数是安全的,那么没有PPT敌手能够以不可忽略的优势成功。由于所有PPT敌手的优势在每个连续的混合中都可以忽略不计,定理得证。

5.5　本 章 小 结

本章利用多线性映射构造了一个代理重加密算法,本章构造的代理重加密算法同时具有单向与多跳性质,这类型的代理重加密算法在双线性映射环境下难以实现。此外,本章基于不可区分混淆器、受限的PRF与抗第二原象性函数构造了一个支持无限次转化的单向非交互式代理重签名方案,一定程度上解决了Ateniese和Hohenberger[75]在CCS 2005会议中留下的公开问题。

第 6 章　基于多线性映射的密钥交换协议

6.1　引　　言

在密钥交换协议中，两个或多个参与用户通过交互的形式，用各自私有信息和其他参与用户的公开信息计算出一个只有所有参与方才能计算的共享密钥信息。该共享密钥信息通常可以用于对称加密算法中。其中最为著名的密钥交换协议是 Diffie 和 Hellman[5]在 1976 年提出的协议，称为 Diffie-Hellman 密钥交换协议。Diffie-Hellman 协议的巧妙之处在于需要安全通信的双方可以用这个方法确定对称密钥，然后就可以用这个密钥进行加密和解密。但要注意的是，这个密钥交换协议只能用于密钥的交换，而不能进行消息的加密和解密。双方确定要用的密钥后，要使用其他对称密钥操作加密算法实现加密和解密消息。密钥交换协议是网络安全中最为核心的工具之一，它能够在公开的不安全的网络中建立会话密钥，然后在后续的通信中使用已建立的会话密钥来保护通信数据不会被窃听或恶意修改。

根据密钥交换过程是否需要通信双方交互，可以将密钥交换协议分为交互式和非交互式量大类。其中，非交互式密钥交换（non-interactive key exchange，NIKE）协议是密码学中的一个重要组件。它支持两个或者多个网络环境中的用户非交互式地计算一个共同的会话密钥。随着不同应用场景的安全需求越来越丰富，人们又将传统的非交互式密钥交换协议扩展到了基于身份的非交互式密钥交换（identity-based non-interactive key exchange，IBNIKE）协议和基于属性的非交互式密钥交换（attribute-based non-interactive key exchange，ABNIKE）协议。

6.2　基于多线性映射的非交互式密钥交换协议

经典的 DH NIKE[5]协议解决了两方 NIKE 问题。Joux[84]利用双线性映射构造了第一个三方 NIKE 方案。利用多线性映射，Boneh 和 Silverberg[13]构造了支持任意 n 方的 NIKE 方案。最近，Boneh 和 Zhandry[85]利用 iO 构造了支持任意 n 方的 NIKE 方案。

基于多线性映射，在传统两方 DH 密钥交换协议结构的基础上，我们可以很容易构建多方密钥交换协议，具体如下所示。

初始化 Setup (1^λ)：输入安全参数 λ 生成系统公开参数 pp。首先运行 mp = $(G_1,\cdots,G_k,p,g,\cdots,g_k,e_{i,j}) \leftarrow \text{MulGen}(1^\lambda, k = \ell+1)$。

用户密钥生成 KeyGen(pp)：每个用户 U_i 随机选择 $x_i \in Z_p$ 作为其私钥 sk_i，对应的公钥 $\text{pk}_i = g^{x_i} \in G_1$。

会话密钥生成 SharedKeyGen(sk_i, pk_i)：假设参与密钥协商的用户 $(U_1,\cdots,U_n)$，任意用户 U_i 计算会话密钥 $K = e(\text{pk}_1,\cdots,\text{pk}_{i-1},\text{pk}_{i+1},\cdots,\text{pk}_n)^{x_i}$。

上述多方 NIKE 主要基于 DH 密钥交换协议在多线性映射环境下的扩展构造，很容易验证其正确性，任意合法用户用自己的私钥结合其他 $n-1$ 个用户的公钥进行多线性配对运算即可得到会话密钥 $K = e(\text{pk}_1,\cdots,\text{pk}_{i-1},\text{pk}_{i+1},\cdots,\text{pk}_n)^{x_i} = g_{n-1}^{\prod_{i=1}^{n} x_i}$。

6.3　基于多线性映射的非交互式身份密钥交换协议

基于身份的 NIKE 是传统 NIKE 在基于身份密码环境的扩展，相对于传统 NIKE，基于身份的 NIKE 具有如下优势：省去了通信过程中的公钥验证过程。在基于身份的密码系统中，每个用户可被唯一的身份标识 id 所识别，如邮箱地址、电话号码等。任意授权用户可以从一个可信的密钥生成中心（key generator center，KGC）获得一个密钥 sk_{id}，随后 n 个用户 $I = (\text{id}_1,\cdots,\text{id}_n)$ 通过非交互式的方式协商一个相同的会话密钥 K_I，这里任意用户 $\text{id}_i \in I$ 只需要输入他的个人密钥 sk_{id_i} 与其所有用户的身份标识 I。SOK IBNIKE 协议解决了两方问题，即 $n = 2$。最近，Freire 等[86]与 Ateniese 等[87]分别利用多线性映射与 iO 构造了支持任意 n 方的 IBNIKE 方案。

类似 NIKE 的构造思路，也可以基于多线性映射实现 IBNIKE 的构造，具体构造方法如下所示。

初始化 Setup (1^λ)：输入安全参数 λ 生成系统公开参数 pp。首先运行 mp = $(G_1,\cdots,G_k,p,g,\cdots,g_k,e_{i,j}) \leftarrow \text{MulGen}(1^\lambda, k = \ell+1)$。KGC 选择随机数 $s \in Z_p$ 作为系统主私钥 msk，对应的主公钥为 mpk = g^s，选择一个密码 Hash 函数 $H:\{0,1\}^* \rightarrow G_1$。最后，系统公开参数 pp = (mp, mpk, H)。

用户密钥生成 KeyGen(pp)：KGC 为每个用户 id_i 计算私钥 $\text{sk}_{\text{id}_i} = H(\text{id}_i)^s$，并将其安全地发送给每个用户 id_i。

会话密钥生成 SharedKeyGen($\text{sk}_{\text{id}_i}, \text{id}_i$)：假设参与密钥协商的用户 $(\text{id}_1,\cdots,\text{id}_n)$，任意用户 id_i 均可以利用自己的私钥计算出会话密钥 $K = e(H(\text{id}_1),\cdots,H(\text{id}_{i-1}),H(\text{id}_{i+1}),\cdots,H(\text{id}_n),\text{sk}_{\text{id}_i})$。

上述多方 IBNIKE 主要基于 Diffie-Hellman 密钥交换协议在多线性映射环境下的扩展构造，很容易验证其正确性，任意合法用户用自己的私钥结合其他 $n-1$ 个用户的身份信息进行多线性配对运算即可得到会话密钥 $K = e(H(\mathrm{id}_1), \cdots, H(\mathrm{id}_{i-1}),$ $H(\mathrm{id}_{i+1}), \cdots, H(\mathrm{id}_n), \mathrm{sk}_{\mathrm{id}_i}) = e(H(\mathrm{id}_1), \cdots, H(\mathrm{id}_n))^s$。

6.4 基于多线性映射的非交互式属性密钥交换协议

在日益复杂的网络环境中，为了更好地描述不同用户的不同属性信息，如身份、职责等，往往需要用属性集而不是单一的身份信息来标识各个用户。基于属性的密码学的提出正是为了满足这样的场景需求。属性密码学源于属性加密。Goyal 等[88]将属性加密分为两种形式：密钥策略的属性加密与密文策略的属性加密。在一个密钥策略的属性加密系统中，用户密钥关联了一个策略函数 f，该函数定义在系统规定的属性集合上，密文关联了一个属性集合 x。关联了 f 的某用户能解密关联了 x 的密文当且仅当属性集 x 满足策略函数 f，简记为 $f(x) = 1$。密文策略的属性加密是密钥策略的属性加密的互补形式，在一个密文策略的属性加密系统中，用户密钥关联了一个属性集 x，而密文关联了一个策略函数 f。用户可解密文当且仅当 $f(x) = 1$。

自然地，人们希望能继续扩展 NIKE 这一概念到更一般的属性密码场景中，即基于属性的非交互式密钥交换（attribute-based non-interactive key exchange，ABNIKE）。借鉴属性加密的分类，我们将 ABNIKE 也分为两种形式：密钥策略的 ABNIKE [KP(key-policy)-ABNIKE]与会话策略的 ABNIKE[SP(session-policy)-ABNIKE]。在一个 KP-ABNIKE 方案中，用户关联了一个策略函数 f 并拥有一把来自 KGC 的密钥 sk_f。会话密钥 K_x 将会关联一个属性集合 x，即该会话密钥代表的是属性集合 x。某关联了 f 的用户可以非交互式地计算会话密钥 K_x 当且仅当该会话密钥所关联的属性集 x 满足 f，即 $f(x) = 1$。SP-ABNIKE 是 KP-ABNIKE 的互补概念，其中用户密钥关联属性集合 x，而会话密钥关联一个策略函数 f。某用户可以计算会话密钥当且仅当 $f(x) = 1$。

关于 ABNIKE 的应用，考虑如下场景：在一个网络论坛中，根据用户的能力或会员权利将会员进行分组。自然地，在同一个分组内，我们希望分组成员能安全地共享数据，这里可以注意到 ABE 实际上适用于该场景，但是，在该环境下采用 ABE 将会有一个缺陷，即每个通信消息都需要用属性加密方案进行单独加密，这样一来效率自然就比较低，因为目前已有的 ABE 方案效率依然偏低。因此，如果这些同组的成员能安全地协商一个会话密钥，便可以试用该会话密钥作为对称加密算法的密钥，从而提高加密效率。此外，我们也可以用属性加密方案直接加密一个会话密钥，但是这样的应用也有一个问题，如果加密者本身也许并不是组内成员但是他依然知道会话密钥。因此，ABNIKE 这一概念具有一定的应用意义。

在过去几年中，一些 ABKE 方案被构造出来。但现有的 ABKE 方案都只考虑两方用户或三方用户的情形，例如，Ateniese 等[87]提出了模糊秘密握手协议（fuzzy secret handshake protocol），该协议仅支持单个的门限电路；Birkett 和 Stebila[89]提出的协议称为基于策略的密钥协商协议（predicate- based key exchange protocols），事实上该协议就是 KP-ABNIKE 方案的一个变体；Bayat 和 Aref[90]提出的协议考虑了三方 ABKE 情形；Boneh 等[91]引入了基于策略的密钥分发，事实上这一概念是 SP-ABNIKE 的一个变体概念，进一步地，他们利用支持电路谓词的受限的 PRF 给出了一个具体的方案。但是，这些方案并不符合关于属性密钥协商的直觉上的定义。换句话说，作为标准的或基于身份的密钥协商概念的一个推广，基于属性的密钥协商中的会话密钥应该建立在某个属性集 x（KP-ABKE）或者某个策略函数 f（SP-ABKE）上而不是简单的两方或三方情形。可以证明关于 ABNIKE 直觉上的定义蕴含了两方或三方的 ABNIKE。

6.4.1　协议定义

在标准 NIKE 与基于身份的 NIKE 定义基础上，本节给出基于属性的 NIKE 的形式化定义。参考基于属性的加密体制，基于属性的非交互式密钥交换协议也有两种形式：KP-ABNIKE 和 SP-ABNIKE。为了方便起见，我们只给出 KP-ABNIKE 的定义，SP-ABNIKE 的定义可以通过交换 KP-ABNIKE 定义中的 f 与 x 得到。

正式地，一个 KP-ABNIKE 协议由如下 3 个算法组成。

初始化 AB.Setup(1^λ)：输入安全参数 λ，输出系统公开参数 pp 与系统主密钥 msk。

密钥生成 AB.KeyGen(msk, f)：输入主密钥 msk 与用户的策略函数 f，输出用户密钥 sk_f。

密钥交换 AB.KeyExchange(pp, sk_f, x)：授权用户利用系统公开参数 pp 与个人密钥 sk_f，如果 $f(x)=1$，即属性集 x 满足策略函数 f，那么该用户可以非交互式地计算一个会话密钥 K_x，其中该会话密钥是关于属性集 x 的密钥。

正确性：对于任意的 λ、f_0、f_1、x、所有的 (pp,msk) ← AB.Setup(1^λ)、sk_{f_0} ← AB.KeyGen (msk, f_0) 及 sk_{f_1} ← AB.KeyGen(msk, f_1)，如果 $f_0(x) = f_1(x) = 1$，那么有 $\Pr\left[\text{AB.Key Exchange}(\mathrm{sk}_{f_0}, f_0, x) = \text{AB.KeyExchange}(\mathrm{sk}_{f_1}, f_1, x) = K_x\right]$。

6.4.2　安全模型

ABNIKE 协议的安全模型可以看成标准 NIKE 与 IBNIKE 在属性密码场景下的自然延伸，KP-ABNIKE 协议的安全模型定义如下所示。

初始化（Setup）：挑战者运行系统初始化算法，随后将系统公开参数 pp 发给敌手并秘密保存系统主密钥 msk。

阶段 1：敌手可以进行如下两种询问。

用户密钥生成询问：敌手可以进行多项式次用户密钥生成询问，敌手选择策略函数 f 发给挑战者，挑战者返回一个有效的用户密钥 $sk_f \leftarrow KeyGen(msk, f)$。

会话密钥生成询问：敌手可以进行多项式次用户密钥生成询问，敌手选择属性集合 x 发给挑战者，挑战者返回一个会话密钥 $K_x \leftarrow KeyExchange(pp, sk_f, x)$。

挑战：敌手提交一个用于挑战的属性集合 x^*。这里要求敌手经过阶段 1 密钥生成询问获得的所有密钥对应的策略函数 f 满足 $f(x^*) = 0$。然后，挑战者随机选择 $b \in \{0,1\}$。如果 $b = 0$，那么它返回一个真实的会话密钥 $K_x \leftarrow KeyExchange(pp, sk_f, f, x^*)$，其中 $f(x^*) = 0$。否则，挑战者从会话密钥分布空间中随机选取 K^* 返回给敌手。

阶段 2：拿到挑战会话密钥后，敌手还可以进行类似于阶段 1 的询问，但是所有询问的策略函数 f 都必须满足 $f(x^*) = 0$ 且敌手不可询问关于挑战属性集 x^* 的会话密钥。

猜测：敌手输出一个比特 b'，该比特表示他对 b 的猜测。如果 $b' = b$，那么称敌手赢得了上述游戏。

一个 PPT 敌手 A 赢得上述游戏的优势记为 $Adv_A^{ABNIKE} = \left| \Pr[b' = b] - \dfrac{1}{2} \right|$。

定义 6.1　如果没有 PPT 敌手能以不可忽略的优势赢得上述游戏，那么称该 KP-ABNIKE 方案是安全的。

上面不可区分定义还有一个较弱定义，即选择性安全。在该弱化的安全定义中，要求敌手在系统初始化之前就选定将要挑战的属性集 x^*。

定义 6.2　如果没有 PPT 的敌手能以不可忽略的优势赢得选择性游戏，那么称该 KP-ABNIKE 方案是选择性安全的。

ABNIKE 方案的选择性安全对应于 IBNIKE 方案的半静态安全性。

6.4.3　协议构造

本节利用不同输入混淆、受限 PRF 等工具构造一个 ABNIKE 协议，并证明其安全性。

为了生成用户密钥，我们选取一个安全的数字签名方案 $S = (Sig.Key, Sig.Sign, Sig.Vrfy)$ 用于签署用户的策略函数 f 并将得到的签名作为该用户的个人密钥。为了便于描述，我们假定算法 Sig.Sign 与 F 的都有合适的输入输出长度。方案构造具体如下所示。

系统初始化 AB.Setup(1^λ)：输入安全参数 λ 的操作如下所示。运行 Sig.Key(1^λ)

与 PRF.Key(1^λ) 算法生成签名密钥对(sk, pk)与受限的 PRF 密钥 K。然后构建一个混淆程序 diO(P)，其中程序 P 的定义见表 6.1。系统公开参数 pp 包括属性空间、会话密钥空间等的描述及程序 diO(P)。系统主密钥 msk = sk。

用户密钥生成 AB.KeyGen(msk, f)：该算法输入主密钥 msk 和用户策略 f，运行签名方案的签名算法 $\sigma_f \leftarrow$ Sig.Sign(sk, f)，用户密钥 sk$_f = (f, \sigma_f)$。

会话密钥生成 AB.KeyExchange(pp, sk$_f$, x)：每个授权用户都可以输入个人密钥 sk$_f$ 与属性集 x 运行程序 diO(P)。

表 6.1　程序 P 的定义

常量：验证密钥 pk 与 PRF 密钥 K。
输入：属性集合 x 与用户密钥 sk$_f = (f, \sigma_f)$。
　①检验 $f(x) = 1$ 与 Sig.Vrfy(pk, f, σ_f) = 1 是否都成立。
　②如果某个等式不成立，那么输出 ⊥；否则输出 $K_f = F(K, f)$。

上述协议是一个 KP-ABNIKE 的构造，根据协议构造可知，交换协议中的策略函数 f 和属性集 x 即可得到一个 SP-ABNIKE 协议。此外，还可以利用一致性电路方法将上面的 KP-ABNIKE 协议转化为一个 SP-ABNIKE 方案，具体方法如下所示。$U(.,.)$ 为一个一致性电路，该电路将会输入两个值：属性集 x 与策略函数的电路描述 f。一致性电路 $U(x, f)$ 定义为 $U(x, f) = f(x) \in \{0,1\}$。定义关联属性集 x 的用户私钥 sk$_x$ 为 $\sigma_x \leftarrow$ Sig.Sign(sk, $U(x, \cdot)$)，表示关联 x 的用户可以运行关联 f 的程序 diO(P) 当且仅当 $U(x, f) = f(x) = 1$。因此，如果关联 x 的用户满足了 $f(x) = 1$，那么该用户就能输入其私钥运行程序得到会话密钥 $K_f = F(K, f)$，而其他用户则不能。

6.4.4　协议安全性

本节证明 6.4.3 节构造的 KP-ABNIKE 协议的不可区分，具体证明过程如下所示。

证明　通过一系列游戏世界来证明上述方案的安全性。

Game$_0$：该游戏对应于之前定义的真实的选择性游戏，在游戏开始之前，敌手给定他将要挑战的属性集 x^*（或者在适应性游戏情形下，挑战者以 $1/2^n$ 的概率猜对该挑战值）。然后，敌手与挑战者完成该游戏。

初始化：挑战者运行程序 sk$_f \leftarrow$ Sig.Sign(sk, f) 与 PRF.Key (1^λ) 以生成签名密钥对（sk, pk）与 PRF 密钥 K。然后构造混淆程序 diO(P) 并设置系统公开参数 pp 与系统主密钥 msk = sk。敌手可以获得 pp。

阶段 1：敌手可适应性地进行多项式次询问。

用户密钥生成：敌手输入策略函数 f，其中 $f(x^*) = 0$，挑战者返回 $sk_f \leftarrow Sig.Sign(sk, f)$。

会话密钥生成：敌手输入属性集 $x \neq x^*$，挑战者返回 $K_x = F(K, x)$。

挑战：挑战者随机选择 $b \in \{0, 1\}$，如果 $b = 0$，那么返回一个真实的会话密钥 $K_{x^*} = F(K, x^*)$ 给敌手。否则，从会话密钥的概率分布空间随机选取一个 K^* 值并将其返回给敌手。

阶段 2：拿到挑战会话密钥后，敌手还可以进行类似于阶段 1 的两种询问。

猜测：敌手输出他关于 b 的猜测值 b'，如果 $b' = b$，那么就称敌手赢得了该游戏。

Game$_1$：在该游戏中，将游戏 G_0 中的程序 diO(P) 替换为 diO(P^*)。这里要求程序 P 与 P^* 的规模是一样的。程序 P^* 的定义见表 6.2。

表 6.2 程序 P^* 的定义

常量：验证密钥 pk、受限的 PRF 密钥 $K_{\{x^*\}}$ 与属性集 x^*。

输入：属性集 x 与密钥 $sk_f = (f, \sigma_f)$。

验证等式 $f(x^*) = 1$ 与 Sig.Vrfy(pk, f, σ_f) = 1。

如果任意等式不成立，那么输出 $\perp$；否则
①如果 $x = x^*$，那么输出 $\perp$；
②如果 $x \neq x^*$，那么输出 $K_x \leftarrow F\left(K_{\{x^*\}}, x\right)$。

Game$_2$：在该游戏中，修改游戏 Game$_1$ 中的挑战会话密钥的生成方式，在游戏 Game$_2$ 中，$K_{x^*} = F(K, x^*)$，而在该游戏中，挑战者从会话密钥概率分布空间随机选取一个值作为挑战会话密钥。

引理 6.1 如果方案选取的 iO 是安全的，那么任意 PPT 敌手在游戏世界 Game$_0$ 与 Game$_1$ 中的优势是可忽略接近的。

证明 可以发现程序 P 与 P^* 可以形成一个不同的输入电路。两个电路的唯一不同之处在挑战点 x^*，当输入 x^* 到两个电路中时，电路 P 将会输出 $F(K, x^*)$ 而电路 $F(K, x^*)$ 则会输出 $\perp$，给定任意其他输入，两个电路都会有相同的输出值。因此，两个电路只在输入为 $\left(x, sk_f = (f, \sigma_f)\right)$ 时才会得到不同的输出值，其中 $x = x^*$，$f(x^*) = 1$ 并且 Sig.Vrfy(pk, f, sk_f) = 1，如果两个程序 P 与 P^* 不能构成不同输入电路族，那么我们可以构造一个有效的采样算法得到 $C_0 = P, C_1 = P^*, aux = x^*$，并根据不同输入混淆的定义，存在敌手可以输出 $\left(x, sk_f = (f, \sigma_f)\right)$，其中 $x = x^*$，$f(x^*) = 1$ 且 Sig.Vrfy(pk, f, sk_f) = 1。私钥 sk_f 的有效性意味着 sk_f 是一个关于 f 的有效签名，

其中 $f(x^*)=1$ 且从未被敌手进行过用户密钥生成询问。我们可以利用该不同输入打破签名方案的安全性。因此，签名方案的安全性保证了两个电路 P 与 P^* 可以构成一个不同输入的电路族。因此对应的两个混淆 $\mathrm{diO}(P)$ 与 $\mathrm{diO}(P^*)$ 是计算不可区分的。该结果又可以推出两个游戏 Game_0 与 Game_1 是计算不可区分的。

引理 6.2　如果方案选取的受限 PRF 是安全的，那么任意 PPT 敌手在游戏世界 Game_1 与 Game_2 中的优势是可忽略接近的。

证明　如果存在一个 PPT 敌手 A 在两个游戏世界中的优势不一样，那么我们可以构造一对算法（A_1, A_2）打破受限 PRF 的伪随机性。算法 A_1 简单地调用敌手以获得挑战属性集 x^*。然后设置 $\tau=\left(x^*,\mathrm{sk},\mathrm{vk},K_{\{x^*\}}\right)$ 并将其发给算法 A_2。A_2 从 A_1 处拿到 τ 并从 PRF 挑战者那里获得一个值 z^*，其中 $z^*=F(K,x^*)$ 或者是一个随机值 t。这里需要注意的是：①因为 $K_{x^*}\in\tau$，所以对任意给定的状态值 τ，算法 A_2 都可以回答敌手 A 的任意用户密钥生成与会话密钥生成询问；②根据游戏世界 Game_1 和 Game_2 的参数设定可知，敌手 A 只能是两个游戏世界中的一个。最后，如果敌手赢了游戏，算法 A_2 就输出 1。总之，在游戏世界 Game_1 与 Game_2 中具有不同优势的敌手可以用于构造打破受限 PRF 的伪随机性的算法。

引理 6.3　任意 PPT 敌手在游戏世界 Game_2 中的优势是可忽略的。

证明　在最后的一个游戏世界 Game_2 中，由于真实挑战会话密钥也被一个随机值所替代，因此任意 PPT 敌手都无法区分挑战者的随机选择 $b=0$ 还是 $b=1$。

6.4.5　与 IBNIKE 之间的关系

本节证明如何基于一个 SP-ABNIKE 协议构造一个 IBNIKE 与多方的 SP-ABNIKE 协议。

一个 IBNIKE 协议由如下三个 PPT 算法组成。

系统初始化 IB.Setup：算法输入安全参数 λ，输出系统公开参数 pp' 与主密钥 msk'。

密钥生成 IB.KeyGen：算法输入主密钥 msk' 与一个用户身份 id，生成一个用户 $\mathrm{sk}_{\mathrm{id}_x}$。

密钥交换 IB.KeyExchange：算法输入公开参数 pp'、一群用户 $I=(\mathrm{id}_1,\cdots,\mathrm{id}_n)$ 及密钥 $\mathrm{sk}_{\mathrm{id}_s}$ 生成一个共同的会话密钥 K_I。

转化方法如下，在 SP-ABNIKE 协议中，用户属性集定义为一个唯一的身份标识，即 $x:=\mathrm{id}$。然后会话密钥所关联的策略函数定义为 $f=\mathrm{id}_1\vee\cdots\vee\mathrm{id}_n$，该定义意味着 $f(\mathrm{id})=1$ 当且仅当 $\mathrm{id}=\mathrm{id}_i,i\in[1,n]$。

具体协议构造如下所示。

系统初始化 IB.Setup(1^λ)：运行 (pp,msk) ← IB.Setup(1^λ)。设置 pp′:= pp，msk′:= msk。

用户密钥生成 IB.KeyGen(msk′,id)：运行 sk_{id} ← AB.KeyGen(msk,id)。

会话密钥生成 IB.KeyExchange(pp,I = (id_1,···,id_n),sk_{id_s},s)：设置策略函数为 f_I = $id_1 \vee$···$\vee id_n$，其中身份集 id_1,···,id_n 按字典顺序排列。最后运行 K_{f_I} ← AB.KeyExchange(pp,f_I,sk_{id_s},s) 得到会话密钥。

从协议构造易知，SP-ABNIKE 协议的安全性直接蕴含了上述 IBNIKE 协议的安全性。

6.4.6　与多方 ABNIKE 之间的关系

基于一般定义下的 SP-ABNIKE 协议还可以构造多方 SP-ABNIKE 协议。在一个 SP-ABNIKE 协议中，假定一个属性集 x 可以唯一确定一名用户。多方 SP-ABNIKE 由如下 3 个算法组成。

系统初始化 mAB.Setup(1^λ)：算法输入安全参数 λ，生成系统公开参数 pp′与主密钥 msk′。

用户密钥生成 mAB.KeyGen(msk′,x)：算法输入主密钥 msk′与用户属性集 x_i 生成用户密钥 sk_{x_i}。

会话密钥生成 mAB.KeyExchange(pp′,(x_1,···,x_n),sk_{x_i},i)：算法输入公开参数 pp′、参与用户的属性集 x_1,···,x_n,$n \geq 2$，以及密钥 sk_{x_i},$i \in [n]$生成一个共同的会话密钥 $K_{1,···,n}$。SP-ABNIKE 协议与 SP-ToMABNIKE 协议的区别在于：在 SP-ABNIKE 协议中，会话密钥的建立代表了某个策略函数，而在 SP-ToMABNIKE 协议中，会话密钥的建立仅简单地代表了某个特定的用户集合。

关于多方的 SP-ABNIKE 协议的转化方法类似于 IBNIKE 协议的转化方法，具体如下所示。

系统初始化 mAB.Setup(1^λ)：运行 (pp,msk) ← AB.Setup(1^λ)，令 pp′:= pp，msk′:= msk。

用户密钥生成 mAB.KeyGen(msk,x)：运行 sk_x ← AB.KeyGen(msk,x)。

会话密钥生成 mAB.KeyExchange(pp,I = (id_1,···,id_n),sk_{id_s},s)：设置策略函数 f_n = $x_1 \vee$···$\vee x_n$，其中 x_1,···,x_n 按字典顺序排列。然后运行 K_{f_n} ← AB.KeyExchange (pp,f_n,sk_{x_i},i) 算法得到会话密钥。

从上述协议构造易知，SP-ABNIKE 协议的安全性直接蕴含了上述多方 ABNIKE 协议的安全性。

6.5　本　章　小　结

　　本章讨论了基于多线性映射构造密钥交换协议、基于传统的模 p 剩余类群构造两方密钥交换协议和基于双线性映射构造三方密钥交换协议。但是，要想构造更多方的非交互密钥交换协议，那么传统的代数工具就显得比较困难了，多线性映射及其衍生的混淆技术为这些复杂的密码算法提供了可能。

第 7 章　基于多线性映射的基础密码协议

7.1　引　　言

密码协议通常指密码设备之间、密码管理者之间、密码管理者与被管理者之间，以及密码系统与所服务的用户之间，为完成密钥传递、数据传输，或者状态信息、控制信息交换等与密码通信相关的活动，所约定的通信格式、步骤，以及规定的密码运算方法、所使用的密钥数据等。密码协议的特征是：①保密，协议双方都使用密钥实施密码运算，只有协议双方才对交换的信息可知。②可信，协议要保证通信的双方是可信的，通信的内容是可信的。③有序，协议的执行步骤要严谨、完整，而且有条不紊。④高效，执行协议要花费最少的时间，不能因为分支协议的执行影响系统总的时间开销。密码协议的设计是密码系统设计的重要内容。一般要对密码协议实施形式化分析和验证，才能保证密码协议的安全性。密码协议的执行也是密码系统工作的主体活动，一般通过计算机程序实现所规定的操作步骤。

基础密码协议包括多方计算（multi-party computation，MPC）、不经意传输（oblivious transfer，OT）、零知识（zero knowledge，ZK）证明、证据隐藏（witness hiding，WH）、证据不可区分（witness indistinguishability，WI）等。基础密码协议主要是为了更复杂的密码方案提供底层支撑。此外，密码协议的构造也需要基于特定的代数结构与相应的困难问题。

本节基于多线性映射分别构造证据加密（witness encryption，WE）、证据隐藏和证据不可区分协议。

7.2　基于多线性映射的证据加密协议

当使用公钥加密方案加密消息时，只有当接收者知道与其公钥相对应的私钥时，才允许接收者了解我们的消息。一般而言，解决一些 NP 问题的方法。本节提出一个问题：能否对消息进行加密，使其只能由知道 NP 关系证据的接收者打开。本节为一般 NP 语言引入了证据加密的概念。针对 NP 语言 L（具有对应的证据关系 R）定义了一个证据加密方案。在这样的方案中，用户可以将消息 M 加密到特定问题实例 x 以产生密文。如果 x 在该语言中并且接收者知道 $R(x,w)$ 成立的证据

w，那么密文的接收者能够解密该消息。然而，如果 x 不在该语言中，那么多项式时间内攻击者不能区分任何两个相同长度消息的密文。需要强调的是，加密者自己可能不知道 x 是否真的在语言中。

本节构造并探索了证据加密在 NP 完全问题中的应用。将证据加密作为 NP完全问题是很有吸引力的。本节可以创建上述类型的加密谜题。在现实生活中，有许多为解决难题或问题而提供金钱奖励的例子，如克雷数学研究所千禧年大奖难题等。对于这些挑战，人们可以考虑将问题编码为 NP 完全问题，并加密存有资金的银行账户的密码。证据加密特别适合在解密者使用证据对密文进行解密时加密器可能不可用（甚至不存在）的情况。这将证据加密的目标与交互设置区分开来，在多方交互证明场景中，一般的安全两方计算协议可以用于此目的。

证据加密协议与 NP 完全访问结构的计算秘密共享的概念密切相关，这一概念由 Rudich[92]在 1991 年提出。秘密共享方案需要一种获取秘密并为每一方 P_T 构建潜在共享份额的方法。秘密共享方案需要满足两方面的安全性：①高效恢复，如果多方 $P_{T_{i_1}},\cdots,P_{T_{i_t}}$ 知道他们的集合中的一个精确覆盖，那么多方将能够有效地从他们的份额 $\lambda_{T_{i_1}},\cdots,\lambda_{T_{i_t}}$ 中恢复秘密。如果一方包含一个确切的覆盖，恢复的单调性保持不变。如果一个用户集合可以实现精确覆盖，那么这个用户集合的其他超集也必须如此。②隐私，如果多方 $P_{T_{i_1}},\cdots,P_{T_{i_t}}$ 不包含精确覆盖，那么基于这些参与的份额无法恢复出共享的秘密信息。很容易看出，这种 Rudich 类型的秘密共享方案蕴含一个证据加密方案。然而，相反的情形并不清楚。在相同的计算假设下，证据加密算法也能用于构造 Rudich 类型的秘密共享方案。这产生了自 1989 年 Rudich公开问题提出以来的第一个候选构造。

在构造密码学方案中，证据加密也是一种令人惊喜的有用的工具。证据加密为其他密码原语提供了有趣的新解决方案，具有新性质，包括电路的公钥加密、基于身份的加密和基于属性的加密。

7.2.1　算法构造

基于 GGH 分级编码的多线性映射系统是概率的，并且不提供编码和消息空间之间的双射。因此，证据加密方案可以作为密钥封装机制（key encapsulation mechanism，KEM）。在 KEM 中，加密的是随机密钥，而不是消息。然后，使用随机密钥来加密消息，如使用对称加密方案。在 KEM 中，对于任何 $x \notin L$，PPT 攻击者不应该能够区分实际的 KEM 密钥和相同长度的随机字符串 $\text{Enc}(1^\lambda, x, M)$。

该算法以一个精确的覆盖实例 x 作为输入，运行 InstGen 算法生成 (params, p_{zt}) $\leftarrow \text{InstGen}(1^\lambda, 1^n)$，其中 params 是对 n 级编码系统的描述，p_{zt} 是第 n 级零测试参数。该算法对零级编码进行采样：对于 $i \in [n]$，$a_i \leftarrow \text{samp}(\text{params})$。密文 CT

包括：$\forall i \in [l] C_i \leftarrow \mathrm{enc}^{\dagger}\left(\mathrm{params},|T_i|,\prod_{j \in T_i} a_j\right)$，其中 params、$p_{zt}$、$a$ 的描述和 x 实例的精确覆盖一致。KEM 的密钥 K 为 $K \leftarrow \mathrm{ext}\left(\mathrm{params},p_{zt},\mathrm{enc}(\mathrm{params},n,a_1\cdots a_n)\right)$，$\mathrm{Dec}(\mathrm{CT},w=I)$。

该算法以密文和证据集 $I = \{j_1,j_2,\cdots,j_{|I|}\}$ 关联到一个 $[n]$ 的划分。算法集合如下：$B \leftarrow \mathrm{mult}\left(\mathrm{params},C_{j_1},C_{j_{|I|}}\right)$，该算法使用提取程序来导出 KEM 密钥 $K \leftarrow \mathrm{ext}$ $(\mathrm{params},p_{zt},B)$。

正确性：假设选择了适当的参数，我们注意到，由于 I 与 $[n]$ 的划分相关联，因此 $B \leftarrow \mathrm{mult}\left(\mathrm{params},C_{j_1},C_{j_{|I|}}\right)$ 是 R 中 $a_1\cdots a_n$ 陪集的第 n 级编码。此外，对于 R 中的任意元素 α 的任意两个 n 级编码 B_1，B_2，在选择的压倒性概率下，可以构造提取算法，其中 $\alpha \in R$，$\mathrm{ext}(\mathrm{params},p_{zt},B_1) = \mathrm{ext}(\mathrm{params},p_{zt},B_2)$。

GGH 证明了对于 $m = \tilde{O}(n\lambda^2)$ 的 m 阶分圆域，使用整数环可以抵抗当前已知的攻击方法。只要证据加密方案本身（其基础整数环等）之间不存在循环依赖，以及和加密方的 NP 关系，加密方可以选择 n 后的 m 和 λ 来满足这一要求。

7.2.2　算法安全性

直观上来看上述构造是安全的，因为获得 K 的唯一方法是将提取算法应用于 $a_1\cdots a_n$ 的第 n 级编码，而获得后者的唯一方法是找到 $[n]$ 的精确覆盖。形式上，我们可以基于决策分级编码无精确覆盖假设来保证安全性。

定理 7.1　上述基于多线性映射的证据加密构造在判决分级编码无精确覆盖假设下是一个可靠的 KEM。

证明　当一个精确覆盖 x 没有证据时，针对上述算法的输出和一个随机串，如果存在 PPT 敌手 A 能以不可忽略的优势区分它们，那么就可以构造一个有效的挑战者 C 以不可忽略的优势解决判断性分级编码的无精确覆盖问题，且挑战者的计算复杂度与敌手 A 的计算复杂度呈多项式关系。

具体来说，给定决策分级编码无精确覆盖问题的实例 $(h_1,\cdots,h_l,B)$，其中 $B = \mathrm{enc}^{\dagger}(\mathrm{params},n,s)$，其中 s 是 $a_1\cdots a_n$ 或 r 中的任意一个随机数，挑战者 C 构造一个密文 CT，包括 $C_i = h_i$，其中 $i \in [l]$；其中 params、p_{zt}、a 的描述和 x 实例的精确覆盖一致。设置 $K^* \leftarrow \mathrm{ext}(\mathrm{params},p_{zt},B)$。发送 (CT,K^*) 给敌手 A。注意如果 $B = \mathrm{enc}^{\dagger}$ $(\mathrm{params},n,a_1\cdots a_n)$，那么 K^* 是统计意义上随机的，并且与采样过程的随机性与 ext 无关。根据 ext 的性质，挑战者 C 可以利用敌手 A 的输出来解决分级编码中的非精确覆盖问题。因此，通过假设，敌手 A 可以区分 K 是精心构造的还

是随机的, 具有不可忽略的优势, 挑战者 C 可以利用敌手 A 的输出来解决决策分级编码的无精确覆盖问题, 具有不可忽略的优势, 从而定理得证。

7.3　基于多线性映射的证据隐藏协议

一个证明 (论证) 系统由证明人和验证人组成, 需要满足完备性和健壮性两个基本要求。完备性要求证明者总能使验证者接受一个真命题, 健壮性要求验证者从不接受一个假命题。

在密码学中, 我们总是认为语句属于 NP, 需要证明 (论证) 来维护证明者的隐私。隐私要求通常是指证明人所使用的 NP 证据的一些知识。为了保护证明者的隐私, 交互性和随机性几乎是必要的。不同类型的隐私对证明 (论证) 系统的轮次复杂度 (即证明者和验证者之间交换的消息数量) 有不同的下界。

包含最全面隐私的系统是 ZK, 它是由 Goldwasser 等[93]在他们的开创性论文中提出的。ZK 的意思是无论验证者做什么, 证明者和验证者之间的互动都不会透露证明者所拥有的知识。更正式地说, ZK 要求对于任何 (可能是恶意的) 验证者算法, 存在一个多项式时间的模拟器算法来模拟验证者和验证者之间的交互记录, 这样模拟的记录和真实的记录在计算上是不可区分的, 然而, 模拟器没有验证者拥有的知识。

Goldreich 和 Oren[94]表明, 对于 BPP (bounded-error probabilistic polynomial time) 之外的语言, 不存在两轮 ZK 证明。此外, Goldreich 和 Krawczyk[95]证明对于 BPP 之外的语言不存在具有可忽略的健壮性错误的三轮黑盒 ZK 协议。Goldwasser 和 Micali[96]指出基于指数假设的知识或其变体不是标准的复杂性假设, 因为它们人为地限制了敌手以某种特定方式进行计算。

Feige 和 Shamir[97]提出的证据不可区分 (witness indistinguishability, WI) 是 ZK 的一个弱化概念。它包含了验证者的另一种隐私保护情况。在一个 WI 协议中, 验证者不能断言声明的哪个证据在交互中被验证者实际使用。ZK 意味着 WI, 反之则不成立。WI 协议到底隐藏了什么有时并不清楚。一方面, 如果每个声明只有一个证据, 而协议只包括一个回合, 验证者只是将证据发送给验证者, 那么这个协议就是 WI, 但没有为验证者提供隐私保证。另一方面, 在一个声明有两个以上的独立证据的情况下, 该声明的任何 WI 协议都不会透露验证者在交互中使用了哪个证据。

原子三色性和汉密尔顿性协议都是三轮 ZK 协议, 这种原子 ZK 都有恒定的健壮性误差。通过平行重复这样的原子三轮 ZK 协议, 我们可以得到一个三轮 WI 协议, 而且新协议的健壮性误差可以忽略不计。在陷阱门排列的存在性假设下,

Dwork 和 Naor[98]仅用两轮就实现了证据不可区分性。Groth 等[99]、Bitansky 和 Paneth[100]及 Niu 等[101]的工作表明在不同的密码学假设下存在单轮 WI 协议。

证据隐藏（witness hiding，WH）也是由 Feige 和 Shamir[97]提出的，它是 ZK 的另一个有意义的弱化概念。WH 总是对应于语句上的一个分布。WH 保证如果很难找到从分布中取样的语句的证据，那么验证者在与验证者交互后提取该语句的证据也是不可行的。就像 ZK 和 WI 之间的关系一样，ZK 意味着 WH，反之不成立。尽管 WH 提供了比零知识更弱的隐私，但在许多情况下，它仍然能满足加密协议的安全要求。有时 WH 是 ZK 的一个可能的替代品。例如，它可以在许多协议构造中取代 ZK，包括身份认证协议等。

Feige 和 Shamir[97]表明，对于某些特殊的困难分布 WI 蕴含 WH。所以对于这种特殊的困难分布，也存在两轮和一轮 WH，而对于一般的困难分布则不是这样。Bitansky 和 Paneth[100]提出了一种可忽略稳健性误差的三轮 WH 协议，他们的协议相对于一般困难分布具有鲁棒性，那么一个自然的问题是"对于一般分布是否存在两轮 WH 协议"？

本节构造一个两轮 WH 协议，该协议的稳健性误差可以忽略，而且本节的协议对于一般分布也具有鲁棒性。WH 协议基于两个密码组件：点混淆和自适应证据加密方案。

7.3.1　定义、符号和工具

本节使用了以下标准定义、符号和工具。

1. 分布

设 $\chi = \{X_n\}_{n \in N}$ 是一个分布集合，$x \leftarrow X_n$ 表示从 X_n 中抽取 x。U_n 表示在 $\{0,1\}^n$ 上的均匀分布。如果一个函数的衰减速度比任何多项式都快，那么就称它是可以忽略不计的，通常用 negl($\cdot$) 来表示一个可以忽略不计的函数。本节用 poly($\cdot$) 表示某个多项式函数。

设 $\chi = \{X_n\}_{n \in N}$，$y = \{X_n\}_{n \in N}$ 为两个分布集合，其中 $\mathrm{Supp}(X) \bigcup \mathrm{Supp}(Y) \subseteq \{0,1\}^{\mathrm{poly}(n)}$，如果对于任何多项式时间敌手 A 来说，存在一个可忽略的函数 negl($\cdot$)，使得不等式 $\left| \Pr_{x \leftarrow X_n}[A(x) = 1] - \Pr_{y \leftarrow Y_n}[A(y) = 1] \right| \leqslant \mathrm{negl}(n)$ 对所有足够大的 n 都成立，则 χ 和 y 在计算上是不可区分的，用 $\chi \approx_c y$ 来表示。

2. 论证系统

如果存在一个多项式 poly($\cdot$)，使得它在时间 poly($\cdot$) 内可以计算，且 $(x, y) \in R_l$，

$|y| \leq \mathrm{poly}(|x|)$，那么布尔关系 $R_i = \{(x,y) \in \{0,1\}^* \times \{0,1\}^*\}$ 是一个 NP 关系。如果 $R_l = \{(x,y)\}$ 是一个 NP 关系，那么语言 $L = \{x : \exists y \text{ s.t.}(x,y) \in R_l\}$ 是一个 NP 语言。对于 $x \in L$，集合 $R_l(x) = \{y : (x,y) \in R_l\}$ 是 x 的见证集合。

一个交互式论证系统由两个 PPT 算法 P 和 V 组成。它是一个交互式协议，满足完整性和健壮性要求，健壮性条件只要求对 PPT 验证器策略成立。

定义 7.1（交互式参数系统） 设 (P,V) 是一对图灵机，如果 (P,V) 满足以下两个条件，它就是语言 l 的交互式论证系统。

①完整性：存在一个可忽略函数 $\mathrm{negl}(\cdot)$，使得对于所有 $(x,y) \in R_l$，且 $|x|$ 足够大，有 $\Pr[(P(y),V(x)=1] \geq 1 - \mathrm{negl}(|x|)$。

②健壮性：对于任意多项类型 P^*，存在一个可忽略函数 $\mathrm{negl}(\cdot)$，使得对于所有足够大的 n 和 $x \in \{0,1\}^n \setminus l$，有 $\Pr[(P^*,V)(x)=1] \leq \mathrm{negl}(x)$，其中，$(P(y),V)(x)$ 表示证明者 P 和验证者 V 执行交互协议后的输出，其中证明者 P 有私有输入 y，验证者 V 与证明者 P 有共同输入 x。$(P(y),V)(x)=1$ 表示 V 的决定是接受。

如果所有证明策略 P^*（可能具有无限的计算能力）的稳健性要求都满足，那么 (P,V) 是一个交互证明系统。

3. 证据隐藏

证据隐藏是对零知识证明协议的一种弱化概念，由 Feige 和 Shamir[97]提出。WH 要求如果验证据无法预测一个实例的证据，那么在与拥有该实例的证据的证明人互动后，验证人也无法预测该实例的证据。为了定义 WH，我们首先引入了困难分布的概念。

定义 7.2（困难分布） 如果对于任何多项集合 $\{C_n\}_{n \in N}$，存在一个可忽略函数 $\mathrm{negl}(\cdot)$，使得不等式

$$\Pr_{(x,w) \leftarrow D_n}[C_n(x) \in R_l(x)] \leq \mathrm{negl}(n)$$

在所有足够大的 n 下都成立，那么 R_l 上的分布集合 $D = \{D_n\}_{n \in N}$ 是困难的。

定义 7.3（证据隐藏） 设 (P,V) 为具有见证关系的 NP 语言 l 的论证系统。(P,V) 相对于 R_l 上的困难分布 $D = \{D_n\}_{n \in N}$ 而言，如果任何多规模的验证者 V^*，存在一个可忽略函数 $\mathrm{negl}(\cdot)$，使得不等式

$$\Pr_{(x,w) \leftarrow D_n}\left[(P(w),V^*)(x) \in R_l(x)\right] \leq \mathrm{negl}(n)$$

对于所有足够大的 $n \in N$ 都成立，那么它就是证据隐藏。

如果 (P,V) 对每一个困难分布都是证据隐藏的，那么它就是证据隐藏的。

4. 不可预测分布的辅助输入点混淆

本节回顾一下不可预测分布的辅助输入点混淆。这种混淆不是 VBB（virtual black box）意义上的混淆，而是一种较弱的分布式版本混淆。非正式地讲，这种混淆要求给定一个辅助输入 $f(s)$，电路 I_s 的混淆与随机点电路 $I_{s'}$ 的混淆是不可区分的。

如果辅助输入 $f(s)$ 完全泄露了 s，就不会有满足所要求的不可区分混淆器。因此，为了使辅助输入点混淆有意义，辅助输入被限制为不可预知的。

定义 7.4（不可预测的分布）　如果对于任何多项集合 $\{C_n\}_{n\in N}$ 来说，存在一个可忽略的函数 $\mathrm{negl}(\cdot)$，使得不等式

$$\Pr_{(z,s)\leftarrow D_n}\left[C_n(z)\in s\right]\leqslant\mathrm{negl}(n)$$

在所有足够大的 n 下都成立，那么分布集合 $D=\{D_n=(Z_n,S_n)\}_{n\in N}$ 就是不可预测的。

定义 7.5（用于不可预测分配的 AIPO）　一个 PPT 算法 $o(\cdot)$ 如果满足以下条件，就是不可预测分布的点电路类 $C=\{C_n=\{I_s\mid s\in\{0,1\}^n\}\}_{n\in N}$ 的一个辅助输入点混淆器。

①功能性：对于任意 $n\in N$、$I_s\in C_n$、$x\in\{0,1\}^*$，有 $o(I_s)(x)=I_s(x)$。

②多项式放缓：对于任意 $n\in N$、$I_s\in C_n$，有 $|o(I_s)|\leqslant\mathrm{poly}(|I_s|)$。

③保密性：对于 $\{0,1\}^{\mathrm{poly}(n)}\times\{0,1\}^n$ 上任何不可预测的分布 $D=\{D_n=(Z_n,S_n)\}_{n\in N}$，有 $\{(z,o(I_s)):(z,s)\leftarrow D_n\}_{n\in N}\approx_c\{(z,o(I_{s'})):(z,s)\leftarrow D_n,s'\leftarrow U_n\}_{n\in N}$。

④可识别性：对于任意两个输入 $V(\cdot,\cdot)$，存在一个多项式时间算法对于任何 $I_s\in C_n$ 有 $\Pr_o[V(I_s,o(I_s))=1]=1$；对于任何电路 C'，如果 $V(I_s,C')=1$，那么 I_s 和 C' 具有相同的功能。

在 DDH 假设的强变体下，Canetti 和 Dakdouk[102] 构建了一个用于不可预测分布的辅助输入点混淆器。

假设 7.1　存在一个群组集合 $G=\{G_n:|G_n|=P_n$，其中 P_n 是长度为 $n+1$ 的素数 $\}_{n\in N}$，使得对于 $\{0,1\}^{\mathrm{poly}(n)}\times\{0,1\}^n$ 上的每一个不可预测的分布 $D=\{D_n=(Z_n,S_n)\}_{n\in N}$，有 $\{(z,g,g^s):(z,s)\leftarrow(Z_n,S_n),g\leftarrow G_n^*\}_{n\in N}\approx_c\{(z,g,g^u):(z,s)\leftarrow(Z_n,S_n),u\leftarrow U_n,g\leftarrow G_n^*\}_{n\in N}$，其中，$G_n^*=G_n\setminus\{e\}$ 是 G_n 的所有生成器的集合。

以下是 Canetti 构建的点混淆器。

构造 7.1（点混淆器 o）　设 $G=\{G_n\}_{n\in N}$ 是一个群集，其存在性由假设 7.1 保证，其中每个 G_n 都是长度为 $n+1$ 的质数 P_n 的群。

当给定一个带有 $s\in\{0,1\}^n$ 的点电路 I_s 时，点混淆器 o 对群组 G_n 的随机发生器 $g\leftarrow G_n^*$ 进行采样并计算出 g^s，然后返回带有 g 和 g^s 的电路 $o(I_s)$，并将其硬连接

到代码中。$o(I_s)$ 有以下功能。当输入长度为 n 的 α 时，$o(I_s)$ 首先计算 g^α，如果 $g^\alpha = g^s$，那么它输出 1；否则，那么它输出 0。

定理 7.2 构造 7.1 中的混淆器 o 是点电路类 $C = \{C_n = \{I_s \mid s \in \{0,1\}^n\}\}_{n \in N}$ 的辅助输入点混淆器，用于不可预测的分布。

7.3.2 证据隐藏论证

本节为 NP 语言 L 构建了一个两轮证据隐藏论证系统。我们将依赖以下密码组件：①构造 7.1 中给出的不可预测的分布 $o(\cdot)$ 的辅助输入点混淆法；②语言 l 的适应性 $\mathrm{WE}\big(\mathrm{Enc}(1^n, x, \cdot), \mathrm{Dec}(1^n, \cdot, w)\big)$ 与相应的见证关系 R_l。

NP 语言 L 的两轮 WH 参数 (P, V) 如表 7.1 所示。

表 7.1　两轮 WH 参数 (P, V)

共同输入：$x \in l$。

辅助输入到 P：$w \in R_l(x)$。

①验证者 V：对 $m \leftarrow U_n$ 采样，并计算 $\mathrm{CT} = \mathrm{Enc}(1^n, x, m)$。发送 CT 给验证者 P。

②验证者 P：解密 CT，得到 $m' = \mathrm{Dec}(1^n, \mathrm{CT}, w)$，如果 m' 不是长度为 n 的有效字符串，使 $T = \bot$；否则，计算出一个点混淆器 $o(I_{m'})$，并使 $T = o(I_{m'})$。将 T 发送给验证者 V。

③验证者测试：如果 $V(I_m, T) = 1$，那么验证者 V 接受。

定理 7.3 上述系统 (P, V) 是 NP 语言 l 的两轮证据隐藏论证。

证明 包括如下几个方面。

1. 完整性

假设 P 和 V 都是诚实的，通过自适应证据加密方案 $\big(\mathrm{Enc}(1^n, x, \cdot), \mathrm{Dec}(1^n, \cdot, w)\big)$ 的正确性，V 接受的概率接近 1。

2. 健壮性

对任意多项式计算能力的证明者 P^*，存在不可忽略函数 ε，使得对任意 $x \in \{0,1\}^n \setminus L$，都有 $\Pr[(P^*, V)(x)] \leqslant \varepsilon(n)$。

我们考虑一个新的验证者策略 V'，它除了采样 $m \leftarrow U_n$ 并计算 $\mathrm{CT} = \mathrm{Enc}(1^n, x, m)$，还采样一个新的 $m' \leftarrow U_n$ 并计算 $\mathrm{CT}' = \mathrm{Enc}(1^n, x, m')$，它向 P^* 发送 CT 以外的 CT'。如果 $V\big(I_m, \mathrm{Out}_{p^*}(\mathrm{CT}')\big) = 1$ 成立，那么 V' 表示接受该证明。其中 $\mathrm{Out}_{p^*}(\mathrm{CT}')$ 是 P^* 收

到 CT′ 时发送的信息。然后，$\Pr[(P^*, V')(x) = 1] > \varepsilon(n) - \mathrm{negl}(n)$。

事实上如果差值 $\Pr[(P^*, V)(x) = 1] - \Pr[(P^*, V')(x) = 1] = 1 / \mathrm{poly}(n)$ 为某个多项式 $\mathrm{poly}(\cdot)$，那么我们可以构造一个敌手 A 来破解自适应 $\mathrm{WE}\big(\mathrm{Enc}(1^n, x, \cdot), \mathrm{Dec}(1^n, \cdot, w)\big)$ 的自适应健壮性。

我们首先构建一个 PPT 算法 A'，在输入 1^n 时，对 $m_0, m_1 \leftarrow U_n$ 进行采样，根据定义它会收到一个挑战密文 $\tilde{C} = \mathrm{Enc}(1^n, x, m_b)$，其中 b 是从 $\{0,1\}$ 中均匀采样的。算法 A' 调用 $P^*(\tilde{C})$ 并接收回 $\mathrm{Out}_{P^*}(\tilde{C})$，如果 $V\big(I_{m_0}, \mathrm{Out}_{P^*}(\tilde{C})\big) = 1$，那么它输出猜测 $b = 0$，否则它输出随机的 b'。根据上述参数设定可以看出，当 $b = 0$ 时，算法 A' 和 P^* 模拟了协议 (P^*, V) 的执行，而当 $b = 1$ 时，它们模拟了 (P^*, V') 的执行。

声明 7.1　$\Pr[A' \text{wins}] = \Pr[b' = b] = \dfrac{1}{2} + \dfrac{1}{4 \cdot \mathrm{poly}(n)}$。

证明　设 $\Pr[(P^*, V)(x) = 1] = p_1(n)$，$\Pr[(P^*, V')(x) = 1] = p_2(n)$，$1 / \mathrm{poly}(n) = p_1(n) - p_2(n)$。当 $b = 0$ 时，算法 A' 以 $p_1(n) + (1 - p_2(n)) / 2$ 的概率输出 0，当 $b = 1$ 时，算法 A' 以 $(1 - p_2(n)) / 2$ 的概率输出 1，所以

$$
\begin{aligned}
\Pr[b' = b] &= \Pr[b = 0 \wedge b' = 0] + \Pr[b = 1 \wedge b' = 1] \\
&= \Pr[b = 0]\Pr[b' = 0 \mid b = 0] + \Pr[b = 1]\Pr[b' = 1 \mid b = 1] \\
&= \frac{1}{2}\left(p_1(n) + \frac{1 - p_1(n)}{2}\right) + \frac{1}{2}\left(\frac{1 - p_2(n)}{2}\right) \\
&= \frac{1}{2} + \frac{1}{4 \cdot \mathrm{poly}(n)}
\end{aligned}
$$

因为 $\sum_{(m_0, m_1)} \Pr[(m_0, m_1) \text{is samples by } A'] = 1$，所以有如下概率公式：

$$
\begin{aligned}
\Pr[A' \text{wins}] &= \sum_{(m_0, m_1)} \Pr[A' \text{wins} \wedge (m_0, m_1) \text{is sampled by } A'] \\
&= \sum_{(m_0, m_1)} \Pr[(m_0, m_1) \text{is sampled by } A'] \cdot \Pr[A' \text{wins} \mid (m_0, m_1) \text{is sampled by } A'] \\
&= \frac{1}{2} + \frac{1}{4 \cdot \mathrm{poly}(n)}
\end{aligned}
$$

设 (M_0, M_1) 为 (m_0, m_1) 的集合，使得

$$
\Pr[A' \text{wins} \mid (m_0, m_1) \text{is samples by } A'] \geqslant \frac{1}{2} + \frac{1}{8 \cdot \mathrm{poly}(n)}.
$$

因此，我们可以得出 $\Pr\limits_{(m_0, m_1) \leftarrow A'}\big[(m_0, m_1) \in (M_0, M_1)\big] \geqslant \dfrac{1}{8 \cdot \mathrm{poly}(n)} > 0$，这表明集合 (M_0, M_1) 是非空的。

在输入安全参数 1^n 使得上述等式成立的情况下，敌手 A 选择 $(m_0,m_1) \in (M_0,M_1)$ 并输出 (x,m_0,m_1,st)，其中 st 设为 $\perp$。当它从挑战者那里收到一个挑战密文 $\text{Enc}(1^n,x,m_b)$ 后，敌手 A 调用 P^*，并做出与敌手 A' 相同的决策。然后敌手 A 以至少 $\dfrac{1}{2}+\dfrac{1}{8 \cdot \text{poly}(n)}$ 的概率在安全证明游戏中获胜。$\big(\text{Enc}(1^n,x,\cdot),\text{Dec}(1^n,\cdot,w)\big)$ 的自适应稳健安全性被这样的敌手 A 破坏。

这意味着即使 P^* 收到一个完全独立于 m 的密文 m'，它仍然会以不可忽略的概率 $\varepsilon(n) - \text{negl}(n)$ 做出一个与 I_m 相同功能的混淆电路，但这样的概率最多为 2^{-n}。

3. 证据隐藏

假设存在一个 R_l 上的困难分布 $D = \{D_n\}_{n \in N}$、多项集合 V^*、无穷大子集 $I \subset N$ 和一个不可忽略的函数 $\varepsilon(\cdot)$，使得 $\Pr\limits_{(x,w) \leftarrow D_n}\Big[\big(P(w),V^*\big)(x) \in R_l(x)\Big] \geq \varepsilon(n)$，其中，$n \in I$。$V_1^*(\cdot)$ 是具有 $V_1^*(x) = V^*(x)$ 功能的电路，即 $V_1^*(\cdot)$ 输出协议的第一个信息为 $V^*(\cdot)$。设 $V_2^*(x,\cdot)$ 是以 x 为输入的电路，并具有 $V_2^*\big(x,o(I_{m'})\big) = V^*\big(x,o(I_{m'})\big)$ 的功能，即 $V_2^*(x,\cdot)$ 输出的字符串与协议结束时 V^* 输出的字符串相同。让我们考虑分布 $Q = \{(X_n,M_n)\}_{n \in I}$，定义如下：

$$\{(x,m'):(x,w) \leftarrow D_n, C^* = V_1^*(x), m' = \text{Dec}(1^n,C^*,w)\}_{n \in I}$$

等式可以被写为 $\Pr\limits_{(x,m') \leftarrow (X_n,M_n),o}[V_2^*\big(x,o(I_{m'})\in R_l(x)\big] \geq \varepsilon(n)$。

本节考虑两种情况：Q 是可预测的和不可预测的。

（1）Q 是可以预测的。如果 Q 是可预测的，那么存在一个有效的预测器，用 Π 表示，I 的一个无限子集 I^Q 和一个不可忽略的函数 $\delta(\cdot)$，这样对于 $n \in I^Q$ 有 $\Pr\limits_{(x,m') \leftarrow (X_n,M_n),o}\Big[\Pi(x) = m'\Big] \geq \varepsilon(n)$。因此，有

$$\Pr\limits_{(x,m') \leftarrow (X_n,M_n),o}\Big[V_2^*\big(x,o\big(I_{\Pi(x)}\big)\big) \in R_l(x)\Big] \geq$$
$$\Pr\limits_{(x,m') \leftarrow (X_n,M_n),o}\Big[V_2^*\big(x,o\big(I_{\Pi(x)}\big)\big) \in R_l(x) \wedge \Pi(x) = m'\Big] \geq$$
$$\delta(n)\Pr\limits_{(x,m') \leftarrow (X_n,M_n),o}[V_2^*\big(x,o(I_{m'})\big) \in R_l(x)\big] \geq \varepsilon(n)\delta(n)$$

这与 D 是困难分布的假设相矛盾。

事实上，存在一个高效的算法 E，对于 $n \in I^Q$ 来说，当给定 x，其中 $(x,w) \leftarrow D_n$，它用 x 调用 $\Pi(\cdot)$ 得到 $\Pi(x)$，然后生成 $o\big(I_{\Pi(x)}\big)$，并将 x 输入 $V_2^*(\cdot,\cdot)$。最后输出 V_2^* 输出的内容。从上面的不等式来看，E 将以不可忽略的概率 $\varepsilon(n)\delta(n)$ 预测 w。

（2）Q 是不可预测的。在这种情况下，根据 V_2^* 是多项集合的事实和混淆器 o

的保密特性，可以看出：

$$\Pr_{y \leftarrow U_n, (x,m') \leftarrow (X_n, M_n), o} \left[V_2^* \left(x, o(I_y) \right) \in R_l(x) \right] \geqslant \varepsilon(n) - \mathrm{negl}(n)$$

这与 D 是一个困难分布的假设相矛盾。事实上，存在一种高效的算法 E，对于 $n \in I$，当给定 x，其中 $(x,w) \leftarrow D_n$，它对 $y \leftarrow U_n$ 进行采样并产生 $o(I_y)$，然后将 $\left(x, o(I_y) \right)$ 送入 $V_2^*(\cdot, \cdot)$ 并输出 V_2^* 输出的内容。E 将以不可忽略的概率 $\varepsilon(n) - \mathrm{negl}(n)$ 预测 w。

7.4　基于多线性映射的证据不可区分协议

ZK 的概念是由 Golewasser 等[93]首次提出的。ZK 提供了对证明者最全面的隐私保护方法。Goldreich 等[103]证明了任何 NP 关系都可以用于构造 ZK 证明系统。

Feige 和 Shamir[97]提出了一种有用且有意义的零知识弱化概念——证据不可区分性（WI）。如果使用不同证据的同一陈述的任何两个证明是不可区分的，那么协议就是 WI。有时，对于许多加密应用程序来说，WI 就足够了，而 WI 协议在 ZK 协议的设计中扮演着重要的作用。已经证明，ZK 协议的轮数必须大于 2，而 WI 协议的轮数没有限制。第一个两轮 WI 是由 Dwork 和 Naor[104]在陷阱门排列组合的存在性假设下给出的。随后，通过对 Dwork 和 Naor 的 ZAP 进行去随机化，Barak 等[105]构建了第一个单轮 WI，他们提出了这个问题：无论是基于特定假设的特定问题的单轮 WI 构造，还是基于替代假设的所有 NP 的一般构造，都是有趣的。第二个单轮 WI 是由 Groth 等[106]构建的。他们的构造是基于对双线性群的一个特定假设。

本节给出了另一种基于两种混淆的单轮 WI 构造。一种是不可区分性混淆，另一种是弱辅助输入多位输出点混淆。

7.4.1　算法概述

证据不可区分性和不可区分性混淆中的共同不可区分性促使我们建立它们之间的联系。从不可区分性混淆中获得单轮证据不可区分性的想法是，不可区分地混淆证据加密方案的解密算法，这是由不可区分性混淆的存在所暗示的。交换的唯一信息是被混淆的解密电路。

具体来说，假设 L 是一种 NP 语言，R_L 是相应的见证关系。$\left(\mathrm{Enc}(1^\lambda, x, \cdot), \mathrm{Dec}(\cdot, w) \right)$ 是 L 的证据加密方案，在单轮 WI 协议中交换的唯一信息是解密电路 $D_{x,w}$ 的不可区分的混淆电路 $T_w = \mathrm{iO}\left(D_{x,w}(\cdot) \right)$，这样 $D_{x,w}(c) = \mathrm{Dec}(c, w)$。验证者采样一个随机字符串

$m \leftarrow \{0,1\}^{\lambda}$ 并使用加密算法 $\mathrm{Enc}(1^{\lambda}, x, \cdot)$ 对其进行加密，然后它将 $\mathrm{CT} = \mathrm{Enc}(1^{\lambda}, x, m)$ 送入 T_w，如果 T_w 返回 m，验证者接受，否则拒绝。当 $x \notin L$ 时，根据证据加密方案的健壮性安全性，T_w 以可忽略的概率在输入 $\mathrm{CT} = \mathrm{Enc}(1^{\lambda}, x, m)$ 上返回 m，所以验证者以压倒性的概率拒绝。因此，该协议的健壮性成立。

如果对于任意的证据 w 和 w'，存在实例 x 使得 $(x, w) \in R_L$，$(x, w') \in R_L$。此外，对于任意的（可能是无效的）密文 CT^*，解密电路 $D_{x,w}$ 和 $D_{x,w'}$ 有相同的输出，iO 的不可分性保证了协议的证据不可分性。但根据现有研究结果可知，存在证据加密算法，如果密文不是有效生成的，那么解密电路 $D_{x,w}$ 和 $D_{x,w'}$ 本身就具有不同的功能。这导致应用 iO 的前提消失，因此协议不是证据不可分的。

因此，本节提出了独特解密的证据加密概念，它满足了对于任何密码文本，无论使用哪种解密密钥，解密都是唯一的。新方案的密文由 $C = \mathrm{Enc}(1^{\lambda}, x, m)$ 组成，我们希望解密算法 $D'_{x,w} = \mathrm{Dec}'(\cdot, w)$ 只有在确定验证者提交的密码文本有效时，才返回非 $\perp$ 值，满足该性质的方案 $\left(\mathrm{Enc}'(1^{\lambda}, x, \cdot), \mathrm{Dec}'(\cdot, w)\right)$ 可以基于一般的证据加密方案构造得到。因此，无论使用哪种解密密钥，C 的解密都是唯一的（这是由证据加密方案 $\left(\mathrm{Enc}(1^{\lambda}, x, \cdot), \mathrm{Dec}(\cdot, w)\right)$ 的正确性保证的）。为了得到这样一个证据加密方案，我们的想法是，消息 m 的密文除了 $C = \mathrm{Enc}(1^{\lambda}, x, m; r)$，还包括一个用于锁定加密算法中用到的随机数 r 的参数 MO。在得到密文后，$(C, \mathrm{MO}), \mathrm{Dec}'(\cdot, w)$ 在输入 C 上调用 $\mathrm{Dec}(\cdot, w)$，并得到明文 m，如果 $m = \perp$，那么返回 $\perp$；否则，如果 $m \neq \perp$，将 m 作为输入运行 MO，如果得到 $\perp$ 那么返回 $\perp$，如果得到 r 但 $C \neq \mathrm{Enc}(1^{\lambda}, x, m; r)$ 那么也返回 $\perp$。现在假设 w, w' 是 x 的证据，如果 $\mathrm{Dec}'((C, \mathrm{MO}), w)$ 返回一个字符串 m，那么意味着 $\mathrm{Dec}(C, w) = m$、$C = \mathrm{Enc}(1^{\lambda}, x, m; r)$，且 $r = \mathrm{MO}(m)$，这意味着 C 是 m 的有效加密，根据证据加密算法的定义可知，$\mathrm{Dec}(C, w') = m$ 和 $\mathrm{Dec}'((C, \mathrm{MO}), w')$ 也可以打开 MO 并完成 C 的有效性验证，因此 $\mathrm{Dec}'((C, \mathrm{MO}), w')$ 也返回 m，这意味着 $\mathrm{Dec}'(\cdot, w')$ 和 $\mathrm{Dec}'(\cdot, w)$ 有相同的功能，iO 是有效的。

然而 $\left(\mathrm{Enc}'(1^{\lambda}, x, \cdot), \mathrm{Dec}'(\cdot, w)\right)$ 的健壮性安全性可能被破坏（这导致单轮 WI 的健壮性无法得到满足）。因为 $\mathrm{Dec}'(\cdot, w)$ 得到的是一个随机的 m 和 MO 的密码文本 C，其中包含了 m 和 C 中的随机性 r 的信息，我们需要保证当 $x \notin L$，$\mathrm{Dec}'((C, \mathrm{MO}), w)$ 返回 m 的概率可以忽略不计。我们希望 MO 不帮助 $\mathrm{Dec}'(\cdot, w)$ 解密。也就是说，当给定输入 (C, MO) 时，$\mathrm{Dec}'(\cdot, w)$ 不能比只给定 C 获得更多的好处。

我们的另一个重要观察是，带辅助输入的多比特输出点混淆方案满足上述所需性质。这样的混淆满足：如果从辅助输入 z 中很难得到 $I_{m \to r}$ 的点地址 m，那么也很难从 z 和 $\mathrm{MO}(I_{m \to r})$ 一起得到 m（$I_{m \to r}$ 的混淆）。本节协议的合理性如下所示。

7.4.2　定义和工具

本节使用了以下定义和工具。

1. 分布和不可区分性

假设 $\chi = \{X_n\}$ 是一个分布集合，$x \leftarrow X_n$ 表示从分布 X_n 中取样 x，$x \leftarrow U_n$ 或 $x \leftarrow \{0,1\}^n$ 表示从 $\{0,1\}^n$ 中均匀地取样 x。假设 A 是一种算法，$A(X_n)$ 表示从分布 X_n 中采样输入到算法 A 得到的分布结果。如果 $\mathrm{negl}(n) = n^{-\omega(1)}$（即它的衰减速度快于任何多项式），那么一个函数 $\mathrm{negl}(\cdot)$ 是可以忽略的。

给定两个分布 $\chi = \{X_n\}_{n \in N}$ 和 $y = \{Y_n\}_{n \in N}$，其中 $\mathrm{Supp}(X) \bigcup \mathrm{Supp}(Y) \subseteq \{0,1\}^{\mathrm{poly}(n)}$，我们说 χ 与 y 在计算上是不可区分的，如果对于任意 PPT 敌手 A，存在一个可忽略的 $\mathrm{negl}(\cdot)$，使得 $\left| \Pr_{x \leftarrow X_n}[A(x)=1] - \Pr_{y \leftarrow Y_n}[A(y)=1] \right| \leqslant \mathrm{negl}(n)$ 成立，那么称分布 x 与分布 y 是计算不可区分的，用 $\chi \approx_c y$ 表示。

2. 论证系统

如果 $R_L = \{(x,y)\} \in \{0,1\}^* \times \{0,1\}^*$ 是多项式时间可识别的，而 L 被定义为 $\{x : \exists y \text{ s.t. } (x,y) \in R_L \text{ and } |y| \leqslant \mathrm{poly}(|x|)\}$，我们说 L 是一个 NP 语言，R_L 是相应的见证关系。交互式论证是一种交互式协议，其中健壮性条件只需要针对 PPT 验证器策略成立。

定义 7.6（交互论证系统）　一对 PPT 图灵机 (P,V) 在满足以下条件的情况下称为一种语言 L 的交互式论证系统。

（1）完整性：如果 $x \in L$，那么 $\Pr[(P,V)(x)=1] \geqslant 1 - \mathrm{negl}(|x|)$。

（2）健壮性：如果 $x \notin L$，那么对任意 PPT 敌手 P^* 有 $\Pr[(P^*,V)(x)=1] \leqslant \mathrm{negl}(|x|)$。

交互证明中的轮数是交互中交换的消息的总数。只有一轮的辩论系统被称为非互动的。

协议中一方的视图包含公共输入、该方的私人输入和随机磁带，以及该方在协议中收到的消息列表。

3. 证据不可区分协议

证据不可区分协议的概念是 Feige 和 Shamir[97]所提零知识证明协议的一种弱化的松概念。

定义 7.7（证据不可区分性）　设 L 是一种具有见证关系 R_L 的 NP 语言，设 (P,V) 是 L 的一个参数系统。如果对于任何多项式时间验证器 V^*，以及每两个序

列 $W^1 = \{w_x^1\}_{x \in L}$ 和 $W^2 = \{w_x^2\}_{x \in L}$，若 $\{x, w_x^1\}, \{x, w_x^2\} \in R_L$、$\{\text{view}_{V^*} P(x, w_x^1), V^*(x)\}_{x \in L}$ 和 $\{\text{view}_{V^*} P(x, w_x^2), V^*(x)\}_{x \in L}$ 在计算上是不可分的，则 (P, V) 是见证不可分的。

定理 7.4　每一个零知识协议都是不可区分的。在协议的并行和并发组合下，保持了证据的不可区分性。

4. ZAP

一个 ZAP 是一个 2 轮交互证明系统，是证据不可区分的。

定理 7.5　如果存在陷阱门排列（对多项式大小的电路安全），那么 NP 中的每一种语言都有一个 ZAP。

7.4.3　多比特输出点混淆

在一个点电路 I_m 中，当输入为 $m \in \{0,1\}^\lambda$ 时，输出 1；否则输出 0。在一个多比特输出点电路 $I_{m \to r}$ 中，当输入为 $m \in \{0,1\}^\lambda$ 时，输出一个字符串 $r \in \{0,1\}^{\text{poly}(\lambda)}$；否则输出 $0^{|r|}$。

本节提出了一个弱版本的辅助输入多比特输出点混淆，它比其他相关论文用到的概念更弱。它要求如果从一个不可预测的分布 D_n 中选取实例 (z, m, r)，无法从参数 z 预测出参数 m，那么从参数 z 与 $\text{MO}(I_{m \to r})$ 一起预测参数 m 依然是困难的。

定义 7.8（不可预测分布）　如果没有一个多规模的电路家族能从 Z_λ 中预测到 M_λ，那么关于字符串的三重的分布集合 $D = \{D_\lambda = (Z_\lambda, M_\lambda, R_\lambda)\}_{\lambda \in N}$ 就是不可预测的，也就是说，对于每个多规模的电路家族 $\{C_\lambda\}_{\lambda \in N}$ 和所有足够大的 λ

$$\Pr_{(z,m,r) \leftarrow D_\lambda}[C_\lambda(z) = m] \leqslant \text{negl}(\lambda)$$

假设 (G, ε, D) 是一个语义安全的加密方案，当安全参数为 $\{0,1\}^\lambda$ 时，消息空间为 λ，那么分布 $\{(z, m, r) : m \leftarrow U_\lambda, r \leftarrow U_{\text{poly}(\lambda)}, K \leftarrow G(1^\lambda), z = \varepsilon(K, m; r)\}_{\lambda \in N}$ 是一个不可预测的分布，其中 r 是 ε 中的随机性。

定义 7.9（不可预测分布的弱辅助输入多比特输出点混淆器）　一个 PPT 算法 MO 如果满足以下条件，那么它就是电路类 $C = \left\{ C_\lambda = \{I_{m \to r} \mid m \in \{0,1\}^\lambda, r \in \{0,1\}^{\text{poly}(\lambda)}\} \right\}_{\lambda \in N}$ 的弱辅助输入多比特输出点混淆器，用于不可预测的分布。

（1）功能性：对于任意 $\lambda \in N$、任意 $I_{m \to r} \in C_\lambda$ 和任意 $x \neq m$，有 $\text{MO}(I_{m \to r})(x) = I_{m \to r}(x)$ 和 $\Pr[\text{MO}(I_{m \to r})(m) \neq r] \leqslant \text{negl}(\lambda)$，其中的概率是取自 MO 的随机性。

（2）多项式下降：对于任意 $\lambda \in N$，$I_{m \to r} \in C_\lambda$ 有 $|\text{MO}(I_{m \to r})| \leqslant \text{poly}(|I_{m \to r}|)$。

（3）保密性：对于 $\{0,1\}^{\text{poly}(\lambda)} \times \{0,1\}^\lambda \times \{0,1\}^{\text{poly}(\lambda)}$ 上的任何不可预测的分布 $D =$

$\{D_\lambda = (Z_\lambda, M_\lambda, R_\lambda)\}_{\lambda \in N}$，可以认为对于任何 PPT 算法 A

$$\Pr_{(z,m,r) \leftarrow D_\lambda} \left[A\left(1^\lambda, z, \mathrm{MO}(I_{m \to r})\right) = m \right] \leqslant \mathrm{negl}(\lambda)$$

对于 $\{0,1\}^{\mathrm{poly}(\lambda)} \times \{0,1\}^\lambda \times \{0,1\}^{\mathrm{poly}(\lambda)}$ 上的任何不可预测的分布 $D = \{D_\lambda = (Z_\lambda, M_\lambda, R_\lambda)\}_{\lambda \in N}$，可以认为对于任何 PPT 算法 A

$$\{(z, \mathrm{MO}(I_{m' \to r'})) : (z,m,r) \leftarrow D_\lambda\}_{\lambda \in N}$$
$$\approx_c \{(z, \mathrm{MO}(I_{m' \to r'})) : (z,m,r) \leftarrow D_\lambda, m' \leftarrow U_\lambda, r' \leftarrow U_{\mathrm{poly}(\lambda)}\}_{\lambda \in N}$$

Brzuska 和 Mittelbach[107]已经证明，如果一般电路类存在不可区分性混淆，那么 AI-MBPOs 不存在。但他们的结果并没有排除弱 AI-MBPO 的存在。在接下来的内容中，本节证明了在一个合理的假设下，Canetti 和 Dakdouk[102]的构造满足定义所要求的性质。

假设 7.2 存在一个素数组 $G = \{G_\lambda : |G_\lambda| = p_\lambda, |p_\lambda| = \lambda + 1\}$ 的集合，对于任意不可预测分布 $D = \{D_\lambda = (Z_\lambda, M_\lambda, R_\lambda)\}_{\lambda \in N}$，其中 $Z_\lambda \in \{0,1\}^{\mathrm{poly}(\lambda)}$，$M_\lambda \in \{0,1\}^\lambda$，$R_\lambda \in \{0,1\}^{\mathrm{poly}(\lambda)}$ 那么 $D' = \{(z' = (z, g, g^m), m, r) : (z,m,r) \leftarrow D_\lambda, g \leftarrow G_\lambda^*\}_{\lambda \in N}$ 也是不可预测的，其中 $G_\lambda^* = G_\lambda \setminus \{e\}$ 是 G_λ 的所有发生器的集合。

Canetti 和 Dakdouk[102]提出的强 DDH 假设为

$$\{(z, g, g^m) : (z,m,r) \leftarrow D_\lambda, g \leftarrow G_\lambda^*\}_{\lambda \in N}$$
$$\approx_c \{(z, g, g^m) : (z,m,r) \leftarrow D_\lambda, u \leftarrow M_\lambda, g \leftarrow G_\lambda^*\}_{\lambda \in N}$$

在这种假设下，Canetti 和 Dakdouk[102]给出了一种辅助输入点模糊器的构造。因为两个分布的不可区分性意味着假设中的分布 D' 是不可预测的。

下面的结构是由 Canetti 和 Dakdouk[102]给出的混淆器构造的。

构造 7.2 $\left(C_n, (g_0, g_0^m), (g_1, g_1^{a_1}), \cdots, (g_t, g_t^{a_t})\right)$ 混淆器 MO，设 $G = \{G_\lambda\}_{\lambda \in N}$ 是一个群集，其存在由假设 7.2 保证。对于具有 $m \in \{0,1\}^\lambda$ 和 $r = r_1 r_2 \cdots r_t \in \{0,1\}^t$ 且 $t = \mathrm{poly}(\lambda)$ 的多位输出点电路 $I_{m \to r}$，MO 从 U_λ $u_1, \cdots, u_t$ 中独立采样 $u_1, \cdots, u_t$，从 G_λ^* 中独立采样 $g_1, \cdots, g_t$，并让 $a = (a_1, \cdots, a_t)$，其中如果 $r_i = 1$，$a_i = m$，否则 $a_i = u_i$。混淆器 MO 的定义如下：

$$\mathrm{MO}(I_{m \to r}) = \left(C_\lambda, (g_0, g_0^m), (g_1, g_1^{a_1}), \cdots, (g_t, g_t^{a_t})\right)$$

式中，C_λ 是一个具有 $C_\lambda(g, \alpha) = g^\alpha$ 功能的电路。也就是说，$\mathrm{MO}(I_{m \to r})$ 是具有 C_λ 和 $g_0, g_0^m, \cdots, g_t, g_t^{a_t}$ 硬连接的电路，其功能如下：在长度为 λ 的输入上，$\mathrm{MO}(I_{m \to r})$ 首先在 (g_0, α) 上运行 C_λ，如果 $C_\lambda(g_0, \alpha) \neq g_0^m$，那么它就输出 0^t。否则，它在 (g_i, α) 上运行 C_λ 以找到所有其他坐标，使 $a_i = \alpha = m$，并输出 $y = y_1 y_2 \cdots y_t$，其中如果 $C_\lambda(g_i, \alpha) = g_i^{a_i}$，那么 $y_i = 1$，否则为 0。

现在本节证明构造 7.2 是一个弱辅助输入多比特输出点混淆器，用于不可预测的分布，在这个意义上，基于混淆器 $MO(I_{m \to r})$ 与辅助输入 $z = (m, r)$，仍然难以恢复 m。

定理 7.6 在假设 7.2 成立的情况下，构造 7.2 中的混淆器 MO 是电路 $C = \{C_\lambda = \{I_{m \to r} \mid m \in \{0,1\}^\lambda, r \in \{0,1\}^{\text{poly}(\lambda)}\}\}_{\lambda \in N}$ 的弱辅助输入多比特输出点混淆器，其中电路的输入空间满足不可预测分布。

证明 首先，根据混淆器 MO 的定义，有 $MO(I_{m \to r}) = \left(C_\lambda, \left(g_0, g_0^m\right), \left(g_1, g_1^{a_1}\right), \cdots, \left(g_t, g_t^{a_t}\right) \right)$。

很明显，当 $x \neq m$ 时，$MO(I_{m \to r})$ 总是输出 $0^{|r|}$，而且存在一些 u_i，使 $u_i = m$，这是可以忽略不计的，所以 $\Pr[MO(I_{m \to r})(m) \neq r] \leqslant \text{negl}(\lambda)$。这表明多项式减速性质是成立的。

现在，假设 $D = \{D_\lambda = (Z_\lambda, M_\lambda, R_\lambda)\}_{\lambda \in N}$ 是任何给定的不可预测分布，我们需要证明，对于任何 PPT 算法 A，有

$$\Pr_{(z,m,r) \leftarrow D_\lambda} \left[A\left(1^\lambda, z, MO(I_{m \to r})\right) = m \right] \leqslant \text{negl}(\lambda)$$

由假设 7.2 可知分布

$$D' = \left\{ \left(z' = (z, g, g^m), m, r\right) : (z, m, r) \leftarrow D_\lambda, g \leftarrow G_\lambda^* \right\}_{\lambda \in N}$$

是不可预测的，所以

$$D^0 = \{D^0\}_{\lambda \in N} = \left\{ \left(z^0 = \left(z, C_\lambda, g_0, g_0^m\right), m, r\right) : (z, m, r) \leftarrow D_\lambda, g_0 \leftarrow G_\lambda^* \right\}_{\lambda \in N}$$

因为 C_λ 是 MO 构造中的计算电路，其中，$r_1 = 1$。

本节定义分布 D^1：

$$D^1 = \left\{ \left(z^1 = \left(z, C_\lambda, g_0, g_0^m, g_1, g_1^{a_1}\right), m, r\right) : (z, m, r) \leftarrow D_\lambda, g_0, g_1 \leftarrow G_\lambda^* \right\}_{\lambda \in N}$$
$$= \left\{ \left(\left(z^0, g_1, g_1^{a_1}\right), m, r\right) : (z^0, m, r) \leftarrow D_\lambda^0, g_1 \leftarrow G_\lambda^* \right\}_{\lambda \in N}$$

如果 $r = 1$，那么 $a_1 = m$，否则 $a_1 = u_1$，其中 u_1 是从分布 $\{0,1\}^\lambda$ 中随机选择的元素。

如果 $r_1 = 1$ 的概率为 1，那么 $a_1 = m$，根据假设 7.2，D^1 是不可预测的，因为 D^0 是不可预测的。否则，如果 $r_1 = 0$，$a_1 = u_1$，对于 $\{0,1\}^\lambda$ 中一个概率为 1 的均匀随机 u_1，D^1 也是不可预测的，因为 u_1 与 m 无关。因此，无论 $\Pr_{(z,m,r) \leftarrow D_\lambda}[r_1 = 1]$ 的值是多少，D^1 总是不可预测的。

同样，D^t 对于 $t = \text{poly}(\lambda)$ 也是不可预测的，其中 $D^t = \left\{ \left(z^t = \left(z, C_\lambda, g_0, g_0^m, g_1, \right. \right. \right.$

$g_1^{a_1}, \cdots, g_t, g_t^{a_t}), m, r) : (z, m, r) \leftarrow D_\lambda, g_0, \cdots, g_t \leftarrow G_\lambda^* \big\}_{\lambda \in N}$，对于每个 $i \in [t]$，当 $r = 1$ 时，$a_i = m$，否则 $a_i = u_i$，其中 u_i 是从 $\{0,1\}^\lambda$ 中均匀独立采样的，即 $\big\{((z, \mathrm{MO}(I_{m \to r})), m, r) : (z, m, r) \leftarrow D_\lambda, g_0, \cdots, g_t \leftarrow G_\lambda^* \big\}_{\lambda \in N}$ 是不可预测的。MO 的保密性得证。

7.4.4 证据加密

本节构造一个具有唯一解密性质的证据加密方案，这是构建单轮 WI 的关键工具。

Garg 等[17]最近提出了 NP 的证据加密。一个证据加密方案是针对 NP 语言 L（有相应的见证关系 R_L）定义的。在这样的方案中，用户可以将一个消息 M 加密到一个特定的问题实例 x（作为加密密钥）来产生一个密码文本。如果 x 在语言中，并且接收者知道 x 的证据 w（解密密钥）（即 $(x, w) \in R_L$），那么这种密码文本的接收者就能够解密该信息。然而，如果 x 不在语言中，那么没有一个多项式时间攻击者可以区分任意两个长度相同的信息的加密。加密者本人可能不知道 x 是否真的在语言中。

在本节的设定中，我们需要一种更强大的证据加密方案，它是一种证据加密方案，并具有以下附加属性：无论在解密算法中使用哪种解密密钥 w，对一个（可能无效的）密码文本的解密都是唯一的。本节把这种方案称为具有唯一解密的证据加密方案。

定义 7.10（有唯一解密的证据加密）　一个 NP 语言 L 的证据加密方案（有相应的见证关系 R_L）由以下两个多项式时间算法组成。

加密算法 $\mathrm{Enc}(1^\lambda, x, m)$：把一个安全参数 1^λ、一个字符串 x 和一个消息 $m \in M$ 作为输入，用于某个消息空间 M，并输出一个密码文本 CT。

解密算法 $\mathrm{Decrypt}(1^\lambda, \mathrm{CT}, w)$：将一个密码文本 CT 和一个字符串 w 作为输入，并将 m 或符号 $\bot$ 输出。

算法需满足以下两个条件。

1. 正确性

对于任何安全参数 λ，对于任何 $m \in M$，以及对于任何 x 和 w，使得 $(x, w) \in R_L$，有

$$\Pr[\mathrm{Dec}(1^\lambda, \mathrm{Enc}(1^\lambda, x, m), w) \neq m] \leqslant \mathrm{negl}(\lambda)$$

2. 健壮性

对于任何 $x \notin L$，任意 PPT 敌手 A 和任意长度相等的信息 $m_0, m_1 \in M$，有

$$| \Pr[A(\text{Enc}(1^{\lambda}, x, m_0)) = 1] - \Pr[A(\text{Enc}(1^{\lambda}, x, m_0)) = 1] | \leqslant \text{negl}(\lambda)$$

如果它有额外的属性，那么本节称证据加密方案具有唯一的解密：如果 w_1, w_2 满足 $(x, w_1), (x, w_2) \in R_L$，那么对于任何（可能无效的）密码文本 CT，有 $\text{Dec}(1^{\lambda}, \text{CT}, w_1) = \text{Dec}(1^{\lambda}, \text{CT}, w_2)$。

从证据加密方案的定义来看，加密算法是多项式时间，因此当安全参数为 λ 时，加密密钥 x 和消息 m 的长度必须是 λ 的多项式。本节将消息空间限制为 $M_{\lambda} = \{0,1\}^{\lambda}$，当安全参数为 λ 时，$|x| = \lambda$。

由于加密算法中随机性的明确性，本节把这个算法表示为 $\text{Enc}(1^{\lambda}, x, \cdot; \cdot)$，而不是 $\text{Enc}(1^{\lambda}, x, \cdot)$。

7.4.5　Garg 等的证据加密算法

Garg 等[17]给出了一种基于 iO 的 NP 中所有语言的证据加密方案。设 L 为 NP 语言，对应关系为 R_L。

构造 7.3　Garg 等[17]基于任意 NP 语言 L 的证据加密算法包括 $\text{Enc}(1^{\lambda}, x, \cdot; \cdot)$ 和 $\text{Dec}(1^{\lambda}, \cdot, w)$。

$\text{Enc}(1^{\lambda}, x, \cdot; \cdot)$：首先当输入长度为 λ 的信息 m 时，构建一个具有 $F_{x,m}(w) = \begin{cases} m, & (x, w) \in R_L \\ \bot, & \text{其他} \end{cases}$ 功能的电路 $F_{x,m}$。然后，电路 $F_{x,m}$ 对 $r \in_R \{0,1\}^{\text{poly}(\lambda)}$ 进行采样，并计算 $\text{iO}(F_{x,m}(\cdot); r)$，其中 iO 是加密电路类 $\varepsilon = \{\varepsilon_{\lambda}\}$ 的无差别混淆器，ε_{λ} 由 $|x| = |m| = \lambda$ 的电路 $F_{x,m}$ 组成，r 是 iO 中使用的加密算法的随机度。最后，它返回 $\text{CT} = \text{Enc}(1^{\lambda}, x, m; r) = \text{iO}(F_{x,m}(\cdot); r)$。

$\text{Dec}(1^{\lambda}, \cdot, w)$：当输入密文 CT 时，在 w 上输入 CT，返回 $m = \text{CT}(w)$。

如果存在通用的不可区分混淆器，那么构造 7.3 是一个完善的证据加密算法。现在假设 $x \notin L$，$|x| = \lambda$，并且 m_0, m_1 是 $\{0,1\}^{\lambda}$ 中的字符串，那么 $F_{x,m_0}(\cdot)$ 和 $F_{x,m_1}(\cdot)$ 是总是输出 $\bot$ 的恒定函数，这意味着 $F_{x,m_0}(\cdot)$ 和 $F_{x,m_1}(\cdot)$ 具有相同的功能，因此密码文本 $\text{iO}(F_{x,m_0}(\cdot))$ 和 $\text{iO}(F_{x,m_1}(\cdot))$ 在计算上是不可区分的，因此具有健壮性。

7.4.6　具有唯一解密的证据加密算法

当解密密钥不同时，无效密码文的解密也可能不同。解密程序只是在解密密钥 w 上运行密码文本。如果一个无效的密码文本 CT^* 对于任何输入 t 具有功能

$CT^*(t) = t$，当解密密钥为 w 时，CT^* 的解密就是 w。

本节想构建一个单轮证据不可区分的协议。唯一交换的信息是被混淆的解密算法 T_w，该算法由验证者发送至验证者。当输入验证者的密码文时，解密算法返回密码文的解密。如果密码文本被设计成当解密密钥不同时，解密是不同的，那么该协议就不可能是见证无差别的。为了避免这种情况，本节需要加密方案有唯一的解密。幸运的是，考虑到任何证据加密方案，这样的方案并不难得到。

在本节构建的具有唯一解密的证据加密方案中，我们需要调用 NP 语言 L 的证据加密方案 $\left(\mathrm{Enc}(1^\lambda, x, \cdot), \mathrm{Dec}(1^\lambda, \cdot, w)\right)$（有相应的关系 R_L）和一个用于不可预测分布的弱辅助输入多比特输出点混淆器 MO，该混淆器在构造 7.2 中给出。假设加密算法 $\mathrm{Enc}(1^\lambda, x, \cdot; \cdot)$ 中使用的随机字符串的长度为 $\mathrm{poly}(\lambda)$，本节将具有唯一解密的证据加密方案表示为 $\left(\mathrm{Enc}(1^\lambda, x, \cdot), \mathrm{Dec}(1^\lambda, \cdot, w)\right)$。当安全参数为 λ 时，消息空间为 $M_\lambda = \{0,1\}^\lambda$。

构造 7.4　对于 NP 语言 L（有相应的关系 R_L），具有唯一解密的证据加密方案 $\left(\mathrm{Enc}(1^\lambda, x, \cdot; \cdot), \mathrm{Dec}(1^\lambda, \cdot, w)\right)$。

$\mathrm{Enc}(1^\lambda, x, \cdot)$：首先当输入信息 $m = \{0,1\}^\lambda$ 时，该算法对随机 $r \in \{0,1\}^{\mathrm{poly}(\lambda)}$ 进行采样，并调用算法 $\mathrm{Enc}(1^\lambda, x, \cdot; \cdot)$ 来计算 $C = \mathrm{Enc}(1^\lambda, x, m; r)$，然后计算 $\mathrm{MO} = \mathrm{MO}(I_{m \to r})$。最后返回 $CT = (C, \mathrm{MO})$。

$\mathrm{Dec}(1^\lambda, \cdot, w)$：当输入一个密码文本 $CT = (C, \mathrm{MO})$ 时，如果 CT 没有形成，那么该算法返回 $\perp$；否则它调用算法 $\mathrm{Dec}(1^\lambda, \cdot, w)$ 来计算 $m = \mathrm{Dec}(1^\lambda, C, w)$，如果 $m = \perp$，那么返回 $\perp$。否则，计算 $r = \mathrm{MO}(m)$，如果 $r = \perp$ 或 $C \neq \mathrm{Enc}(1^\lambda, x, m; r)$，那么返回 $\perp$，否则返回 m。

定理 7.7　在假设 7.1 下，如果 $\left(\mathrm{Enc}(1^\lambda, x, \cdot; \cdot), \mathrm{Dec}(1^\lambda, \cdot, w)\right)$ 是相同的 NP 语言 L（具有相同的对应关系 R_L）的证据加密方案，那么构造 7.3 节中的 $\left(\mathrm{Enc}(1^\lambda, x, \cdot), \mathrm{Dec}(1^\lambda, \cdot, w)\right)$ 是关于 NP 语言 L 的且具有唯一解密性质的证据加密方案。

证明　首先，假设 7.1 保证了弱辅助输入多比特输出点混淆器 MO 对于不可预测分布的有效性，通过构建算法 $\mathrm{Enc}(1^\lambda, x, \cdot)$ 和 $\mathrm{Dec}(1^\lambda, \cdot, w)$，它们都是多项式时间。

其次，假设 $(x, w) \in R_L$，并且 $|x| = |m| = \lambda$。使 $CT = (C, \mathrm{MO})$，$C = \mathrm{Enc}(1^\lambda, x, m; r)$ 且 $\mathrm{MO} = \mathrm{MO}(I_{m \to r})$。当输入 $CT = (C, \mathrm{MO})$ 时，$\mathrm{Dec}(1^\lambda, \cdot, w)$ 先调用算法 $\mathrm{Dec}(1^\lambda, \cdot, w)$ 并计算 $m' = \mathrm{Dec}(1^\lambda, C, w)$，根据 $\left(\mathrm{Enc}(1^\lambda, x, \cdot; \cdot), \mathrm{Dec}(1^\lambda, \cdot, w)\right)$ 的正确性可知，m' 等于 m 的概率趋近于 1。然后 $\mathrm{Dec}(1^\lambda, \cdot, w)$ 在 $m' = m$ 上运行 MO，得到 $r' = \mathrm{MO}(m) =$

$\mathrm{MO}(I_{m\to r})(m)$。根据弱 AI-MBPO 的功能，$r'$ 以压倒性的概率等于 r。因此，$\mathrm{Dec}(1^\lambda,\cdot,w)$ 以压倒性的概率返回 m，$\left(\mathrm{Enc}(1^\lambda,x,\cdot),\mathrm{Dec}(1^\lambda,\cdot,w)\right)$ 的正确性由此而来。

因为本节总是假设敌手 A 是一个 PPT 算法。根据证据加密方案 $\big(\mathrm{Enc}(1^\lambda,x,\cdot;\cdot),$ $\mathrm{Dec}(1^\lambda,\cdot,w)\big)$ 的健壮安全性，分布

$$\tilde{D}=\{\tilde{D}_x\}_{x\in L}=\left\{\left(\mathrm{Enc}\left(1^{|x|},x,m;r\right),m,r\right):m\leftarrow U_{|x|},r\leftarrow U_{\mathrm{poly}(|x|)}\right\}_{x\notin L}$$

是不可预测的。分布 $\tilde{D}$ 由 $x\notin L$ 而不是 $\lambda\in N$ 来索引，因为本节只考虑 $x\notin L$ 的情况，即如果 $x\notin L$，

$$\Pr\left[A\left(\mathrm{Enc}\left(1^{|x|}\right)=m:\left(\mathrm{Enc}\left(1^{|x|},x,m;r\right),m,r\right)\leftarrow\tilde{D}_x\right]\leqslant\mathrm{negl}(|x|)$$

那么从弱 AI-MBPOMO 的保密属性来看，分布

$$\left\{\left(\left(\mathrm{Enc}(1^{|x|},x,m;r),m,r\right),\ \mathrm{MO}(I_{m\to r})\right),m,r\right):m\leftarrow U_{|x|},r\leftarrow U_{\mathrm{poly}(|x|)}\right\}_{x\notin L}$$

也是不可预测的。

对于长度为 λ 的 $x\notin L$（回顾一下，当安全参数为 λ 时，消息 m 和加密密钥 x 的长度都是 λ），有 $\Pr[A\left(\mathrm{Enc}(1^\lambda,x,m;r),\mathrm{MO}(I_{m\to r})\right)=m]\leqslant\mathrm{negl}(\lambda)$，这个不等式等同于 $\left(\mathrm{Enc}(1^\lambda,x,\cdot),\mathrm{Dec}(1^\lambda,\cdot,w)\right)$ 的健壮安全性中定义的形式，即满足健壮性。

最后，假设 $(x,w)\in R_L$，$\mathrm{CT}^*=(C^*,\mathrm{MO}^*)$ 是一个（可能无效的）密码文本，那么根据 $\left(\mathrm{Enc}(1^\lambda,x,\cdot),\mathrm{Dec}(1^\lambda,\cdot,w)\right)$ 的构造，在输入 $\mathrm{CT}^*=(C^*,\mathrm{MO}^*)$ 上，要么 $\mathrm{Dec}(1^\lambda,\mathrm{CT}^*,w)$ 和 $\mathrm{Dec}(1^\lambda,\mathrm{CT}^*,w')$ 都是 $\bot$，要么其中一个是 m。第二种情况，在不丧失一般性的前提下，假设 $\mathrm{Dec}(1^\lambda,\mathrm{CT}^*,w)=m$，那么一定存在 r，使得

$$C^*=\mathrm{Enc}(1^\lambda,x,m;r)\ 且\ r=\mathrm{MO}^*(m)$$

根据 $\left(\mathrm{Enc}(1^\lambda,x,\cdot),\mathrm{Dec}(1^\lambda,\cdot,w)\right)$ 的正确性属性，$\mathrm{Dec}(1^\lambda,\mathrm{CT}^*,w')$ 也等于 m，且 $r=\mathrm{MO}^*(m)$，所以 $\mathrm{Dec}(1^\lambda,\mathrm{CT}^*,w')=m$。

注意　我们在构造 7.4.2 中使用的技术可以被概括为将语义安全加密方案 $(\mathrm{Enc}(\cdot),\mathrm{Dec}(\cdot))$ 转化为具有验证功能的语义安全加密方案 $(\mathrm{Enc}(\cdot),\mathrm{Dec}(\cdot))$。即加密方案 $(\mathrm{Enc}(\cdot),\mathrm{Dec}(\cdot))$ 的密文 $\mathrm{CT}=(C,\mathrm{MO})$ 除了包含一个消息 m 的加密 C，还包含一个弱的 AI-MBPO，解密算法只有在 CT 通过验证时才会返回解密。

7.4.7　单轮证据不可区分的混淆

证据不可区分性意味着证明人与某个证据证明了陈述的有效性，但验证者无

法区分证明人使用的是哪一个证据。针对电路的不可区分混淆器是一种将电路 $C \in C_\lambda$ 作为输入的程序,其中 λ 是安全参数,使得当输入电路具有相同的功能时,很难区分 iO 采取了哪个输入。这两个概念中不可区分性的相同含义促使本节探索证据不可区分与不可区分混淆之间的关系。本节基于 iO 的存在假设,通过构建 NP 的一轮证据不可区分论证系统,建立了 WI 和 iO 之间的关系。

在下面的 NP 语言 L 的一轮证据不可区分协议中,本节使用的主要密码工具是具有唯一解密 $\big(\mathrm{Enc}(1^\lambda, x, \cdot), \mathrm{Dec}(1^\lambda, \cdot, w)\big)$(具有相应的证据关系 R_L)的证据加密方案,以及用于解密电路类 $D = \{D_\lambda\}$ 的不可区分模糊器 iO,其中 D_λ 由具有功能 $D_{x,w}(\cdot) = \mathrm{Dec}(1^\lambda, \cdot, w)$ 的电路 $D_{x,w}$ 组成。本节提出的单轮 WI 的完备性与健壮性分别来自于 $\big(\mathrm{Enc}(1^\lambda, x, \cdot), \mathrm{Dec}(1^\lambda, \cdot, w)\big)$ 的正确性和健壮性。WI 来自本节提出的证据加密方案的唯一解密属性 $\big(\mathrm{Enc}(1^\lambda, x, \cdot), \mathrm{Dec}(1^\lambda, \cdot, w)\big)$ 和 iO 的不可区分属性。

令公共输入为 $x \in \{0,1\}^\lambda$,辅助输入为 w,使得 $(x,w) \in R_L$,执行以下协议操作。

证明者进行如下操作:

(1)构造函数为 $D_{x,w}(\cdot) = \mathrm{Dec}(1^\lambda, \cdot, w)$ 的电路 $D_{x,w}(\cdot)$。

(2)用 $\{D_\lambda\}$ 的不可分辨模糊器 iO 编译电路 $D_{x,w}(\cdot)$,得到 $T_w = \mathrm{iO}(D_{x,w})$。

(3)发送给验证者 T_w。

验证者进行如下操作:

(1)随机选择字符串 $m \in \{0,1\}^\lambda$,并计算 $\mathrm{CT} = \mathrm{Enc}(1^\lambda, x, m)$。

(2)将 CT 反馈送至 T_w 并获得输出 $T_w(\mathrm{CT})$。如果 $T_w(\mathrm{CT})$,那么接受,否则拒绝。

定理 7.8 在假设 7.2 和存在面向电路的不可区分混淆器的情况下,上述协议是 NP 语言中的单轮证据不可区分论证系统。

证明 一般电路类的不可分辨模糊器的存在假设意味着解密电路类 $D = \{D_\lambda\}$ 的不可辨别模糊器 iO 的存在及证据加密方案的存在。在证据加密与假设 7.2 同时成立的情况下,方案 $\big(\mathrm{Enc}(1^\lambda, x, \cdot), \mathrm{Dec}(1^\lambda, \cdot, w)\big)$ 是具有唯一解密性质的证据加密方案。

本节还需证明协议具有完整性、健壮性及证据不可区分三个性质。

首先,如果证明者和验证者都是诚实的,通过方案 $\big(\mathrm{Enc}(1^\lambda, x, \cdot), \mathrm{Dec}(1^\lambda, \cdot, w)\big)$ 的正确性和 iO 的功能,对于任何密文 $\mathrm{CT} = \mathrm{Enc}(1^\lambda, x, m)$,验证者可以以压倒性的概率获得 CT 的精确解密。因此,协议完成。

其次,假设 $x \notin L$ 的长度为 λ,T^* 是交换的消息,因为 T^* 是由多项式时间发送器构造的,它也是多项式时间算法。通过具有唯一解密 $\big(\mathrm{Enc}(1^\lambda, x, \cdot), \mathrm{Dec}(1^\lambda, \cdot, w)\big)$

的证据加密方案的健壮性，对于随机字符串 $m \in \{0,1\}^{\lambda}$ ，$T^*\left(\text{Enc}(1^{\lambda},x,m)\right)$ 返回 m 的概率可以忽略不计。

证据不可区分这一安全性直接来自于证据加密方案的唯一解密性质与 iO 的不可区分性质。

本节主要目的是建立不可区分混淆和证据不可区分之间的关系。事实上，本节基于一般电路类不可区分互混淆的存在性假设和数论假设，构造了一个单轮证据不可区分论证系统。

本节提出的一轮 WI 协议的构建与 Barak 等[105]和 Groth 等[108]的构建不同，因为本节是基于不同的假设得到的结果。Barak 等[105]通过去随机化 Dwork 等[104]的 ZAP 获得了他们的一轮 WI，所需的假设是，当 HSG 攻击集合生成器时，存在陷门置换和针对共不确定性的有效 1/2-HSG。Groth 等[108]提出的一轮 WI 的构建基于双线性群的特定假设，即判断性线性假设。

7.5 本 章 小 结

本节基于多线性映射构造了多个基础密码协议，具体包括证据加密协议、证据不可区分协议和证据隐藏协议，这些基础协议为复杂密码算法的构建提供了理论支撑。

参 考 文 献

[1] 李子臣. 密码学——基础理论与应用[M]. 北京：电子工业出版社，2019.

[2] Shannon C E. A mathematical theory of communication[J]. The Bell System Technical Journal，1948，27（3）：379-423.

[3] Shannon C E. Communication theory of secrecy systems[J]. The Bell System Technical Journal，1949，28（4）：656-715.

[4] Daemen J，Rijmen V. The Design of Rijndael[M]. New York：Springer-Verlag，2002.

[5] Diffie W，Hellman M E. New directions in cryptography[J]. IEEE Transactions on Information Theory，1976，22（6）：644-654.

[6] Rivest R L，Shamir A，Adleman L. A method for obtaining digital signatures and public-key cryptosystems[J]. Communications of the ACM，1978，21（2）：120-126.

[7] Koblitz N. Elliptic curve cryptosystems[J]. Mathematics of Computation，1987，48（177）：203-209.

[8] Miller V S. Use of elliptic curves in cryptography[C]. Conference on the Theory and Application of Cryptographic Techniques，Berlin，1985：417-426.

[9] ElGamal T. A public key cryptosystem and a signature scheme based on discrete logarithms[J]. IEEE Transactions on Information Theory，1985，31（4）：469-472.

[10] Joux A. A one round protocol for tripartite Diffie-Hellman[C]. International Algorithmic Number Theory Symposium，Berlin，2000：385-393.

[11] Boneh D，Franklin M. Identity-based encryption from the Weil pairing[C]. Annual International Cryptology Conference，Berlin，2001：213-229.

[12] Boneh D，Lynn B，Shacham H. Short signatures from the Weil pairing[C]. International Conference on the Theory and Application of Cryptology and Information Security，Berlin，2001：514-532.

[13] Boneh D，Silverberg A. Applications of multilinear forms to cryptography[J]. Contemporary Mathematics，2003，324（1）：71-90.

[14] Garg S，Gentry C，Halevi S. Candidate multilinear maps from ideal lattices[C]. Annual International Conference on the Theory and Applications of Cryptographic Techniques，Berlin，2013：1-17.

[15] Coron J S，Lepoint T，Tibouchi M. New multilinear maps over the integers[C]. Annual Cryptology Conference，Berlin，2015：267-286.

[16] 张方国. 从双线性对到多线性映射[J]. 密码学报，2016，3（3）：211-228.

[17] Garg S，Gentry C，Sahai A，et al. Witness encryption and its applications[C]. Proceedings of the 45th Annual ACM Symposium on Theory of Computing，Palo Alto，2013：467-476.

[18] Boneh D，Waters B，Zhandry M. Low overhead broadcast encryption from multilinear maps[C]. Annual Cryptology Conference，Berlin，2014：206-223.

[19] Park S，Lee K，Lee D H. New constructions of revocable identity-based encryption from multilinear maps[J]. IEEE Transactions on Information Forensics and Security，2015，10（8）：1564-1577.

[20] Hohenberger S，Sahai A，Waters B. Full domain hash from (leveled) multilinear maps and identity-based aggregate signatures[C]. Annual Cryptology Conference，Berlin，2013：494-512.

[21] Catalano D，Fiore D，Warinschi B. Homomorphic signatures with efficient verification for polynomial functions[C]. Annual Cryptology Conference，Berlin，2014：371-389.

[22] Boneh D，Waters B. Constrained pseudorandom functions and their applications[C]. International Conference on the Theory and Application of Cryptology and Information Security，Berlin，2013：280-300.

[23] Freire E S V，Hofheinz D，Paterson K G，et al. Programmable hash functions in the multilinear setting[C]. Annual Cryptology Conference，Berlin，2013：513-530.

[24] Catalano D，Fiore D，Gennaro R，et al. Generalizing homomorphic MACs for arithmetic circuits[C]. International Workshop on Public Key Cryptography，Berlin，2014：538-555.

[25] Benhamouda F，Pointcheval D. Verifier-based password-authenticated key exchange：New models and constructions[J]. Cryptology ePrint Archive，2013.

[26] Zhang L F，Safavi-Naini R. Private outsourcing of polynomial evaluation and matrix multiplication using multilinear maps[C]. International Conference on Cryptology and Network Security，Cham，2013：329-348.

[27] Wang H，Wu L，Zheng Z，et al. Identity-based key-encapsulation mechanism from multilinear maps[J]. Cryptology ePrint Archive，2013.

[28] Blum M，Micali S. How to generate cryptographically strong sequences of pseudo random bits[C]. Proceedings of the 25th IEEE Symposium on Foundations of Computer Science，New York，1984：850-864.

[29] Håstad J，Impagliazzo R，Levin L A，et al. A pseudorandom generator from any one-way function[J]. SIAM Journal on Computing，1999，28（4）：1364-1396.

[30] Goldreich O，Goldwasser S，Micali S. How to construct random functions[J]. Journal of the ACM，1986，33（4）：792-807.

[31] Barak B，Goldreich O，Impagliazzo R，et al. On the (im) possibility of obfuscating programs[C]. Annual International Cryptology Conference，Berlin，2001：1-18.

[32] Garg S，Gentry C，Halevi S，et al. Candidate indistinguishability obfuscation and functional encryption for all circuits[J]. SIAM Journal on Computing，2016，45（3）：882-929.

[33] Boyle E，Chung K M，Pass R. On extractability obfuscation[C]. Theory of Cryptography Conference，Berlin，2014：52-73.

[34] Shamir A. Identity-based cryptosystems and signature schemes[C]. Workshop on the Theory and Application of Cryptographic Techniques，Berlin，1984：47-53.

[35] Boneh D，Boyen X，Goh E J. Hierarchical identity based encryption with constant size ciphertext[C]. Annual International Conference on the Theory and Applications of Cryptographic

Techniques，Berlin，2005：440-456.

[36] Boldyreva A，Goyal V，Kumar V. Identity-based encryption with efficient revocation[C]. Proceedings of the 15th ACM Conference on Computer and Communications Security，Alexandria，2008：417-426.

[37] Libert B，Vergnaud D. Adaptive-ID secure revocable identity-based encryption[C]. Cryptographers' Track at the RSA Conference，Berlin，2009：1-15.

[38] Seo J H，Emura K. Efficient delegation of key generation and revocation functionalities in identity-based encryption[C]. Cryptographers' Track at the RSA Conference，Berlin，2013：343-358.

[39] Boneh D，Gentry C，Waters B. Collusion resistant broadcast encryption with short ciphertexts and private keys[C]. Annual International Cryptology Conference，Berlin，2005：258-275.

[40] Goldwasser S，Micali S，Rivest R L. A digital signature scheme secure against adaptive chosen-message attacks[J]. SIAM Journal on Computing，1988，17（2）：281-308.

[41] Chaum D. Blind signature system[C]. Advances in Cryptology：Proceedings of Crypto83，Boston，1984：153.

[42] Boldyreva A，Palacio A，Warinschi B. Secure proxy signature schemes for delegation of signing rights[J]. Journal of Cryptology，2012，25（1）：57-115.

[43] Camenisch J，Stadler M. Efficient group signature schemes for large groups[C]. Annual International Cryptology Conference，Berlin，1997：410-424.

[44] Maji H K，Prabhakaran M，Rosulek M. Attribute-based signatures[C]. Cryptographers' Track at the RSA Conference，Berlin，2011：376-392.

[45] 唐飞，凌国玮，单进勇. 基于国产密码算法 SM9 的可追踪属性签名方案[J]. 电子与信息学报，2022，44：1-8.

[46] Chaum D，Antwerpen H V. Undeniable signatures[C]. Conference on the Theory and Application of Cryptology，New York，1989：212-216.

[47] Shoup V. Practical threshold signatures[C]. International Conference on the Theory and Applications of Cryptographic Techniques，Berlin，2000：207-220.

[48] Tseng Y M，Jan J K，Chien H Y. Digital signature with message recovery using self-certified public keys and its variants[J]. Applied Mathematics and Computation，2003，136（2/3）：203-214.

[49] Boldyreva A. Threshold signatures，multisignatures and blind signatures based on the gap-Diffie-Hellman-group signature scheme[C]. International Workshop on Public Key Cryptography，Berlin，2003：31-46.

[50] Tang F，Huang D. A BLS signature scheme from multilinear maps[J]. International Journal of Network Security，2020，22（5）：728-735.

[51] Bellare M，Fuchsbauer G. Policy-based signatures[C]. International Workshop on Public Key Cryptography，Berlin，2014：520-537.

[52] Groth J，Sahai A. Efficient non-interactive proof systems for bilinear groups[C]. Annual International Conference on the Theory and Applications of Cryptographic Techniques，Berlin，2008：415-432.

[53]　Rivest R L, Shamir A, Tauman Y. How to leak a secret[C]. International Conference on the Theory and Application of Cryptology and Information Security, Berlin, 2001: 552-565.

[54]　Canetti R, Goldreich O, Halevi S. The random oracle methodology, revisited[J]. Journal of the ACM, 2004, 51 (4): 557-594.

[55]　Shacham H, Waters B. Efficient ring signatures without random oracles[C]. International Workshop on Public Key Cryptography, Berlin, 2007: 166-180.

[56]　Chow S S M, Wei V K, Liu J K, et al. Ring signatures without random oracles[C]. Proceedings of the 2006 ACM Symposium on Information, Computer and Communications Security, Taipei, 2006: 297-302.

[57]　Schäge S, Schwenk J. A CDH-based ring signature scheme with short signatures and public keys[C]. International Conference on Financial Cryptography and Data Security, Berlin, 2010: 129-142.

[58]　Dodis Y, Kiayias A, Nicolosi A, et al. Anonymous identification in ad hoc groups[C]. International Conference on the Theory and Applications of Cryptographic Techniques, Berlin, 2004: 609-626.

[59]　Sahai A, Waters B. How to use indistinguishability obfuscation: Deniable encryption, and more[C]. Proceedings of the 46th Annual ACM Symposium on Theory of Computing, New York, 2014: 475-484.

[60]　Bender A, Katz J, Morselli R. Ring signatures: Stronger definitions, and constructions without random oracles[C]. Theory of Cryptography Conference, Berlin, 2006: 60-79.

[61]　Chandran N, Groth J, Sahai A. Ring signatures of sub-linear size without random oracles[C]. International Colloquium on Automata, Languages, and Programming, Berlin, 2007: 423-434.

[62]　Ramchen K, Waters B. Fully secure and fast signing from obfuscation[C]. Proceedings of the 2014 ACM SIGSAC Conference on Computer and Communications Security, Scottsdale, 2014: 659-673.

[63]　Sahai A, Waters B. Fuzzy identity-based encryption[C]. Annual International Conference on the Theory and Applications of Cryptographic Techniques, Berlin, 2005: 457-473.

[64]　Li J, Au M H, Susilo W, et al. Attribute-based signature and its applications[C]. Proceedings of the 5th ACM Symposium on Information, Computer and Communications Security, Beijing, 2010: 60-69.

[65]　Gorantla M C, Boyd C, Nieto J G. Attribute-based authenticated key exchange[C]. Australasian Conference on Information Security and Privacy, Berlin, 2010: 300-317.

[66]　Maji H, Prabhakaran M, Rosulek M. Attribute-based signatures: Achieving attribute-privacy and collusion-resistance[J]. Cryptology ePrint Archive, 2008.

[67]　Yang P, Cao Z, Dong X. Fuzzy identity based signature with applications to biometric authentication[J]. Computers and Electrical Engineering, 2011, 37 (4): 532-540.

[68]　Shahandashti S F, Safavi-Naini R. Threshold attribute-based signatures and their application to anonymous credential systems[C]. International Conference on Cryptology in Africa, Gammarth, 2009: 198-216.

[69]　Li J, Kim K. Hidden attribute-based signatures without anonymity revocation[J]. Information

Sciences, 2010, 180 (9): 1681-1689.

[70] Kumar S, Agrawal S, Balaraman S, et al. Attribute based signatures for bounded multi-level threshold circuits[C]. European Public Key Infrastructure Workshop, Berlin, 2010: 141-154.

[71] Okamoto T, Takashima K. Efficient attribute-based signatures for non-monotone predicates in the standard model[J]. IEEE Transactions on Cloud Computing, 2014, 2 (4): 409-421.

[72] Herranz J, Laguillaumie F, Libert B, et al. Short attribute-based signatures for threshold predicates[C]. Cryptographers' Track at the RSA Conference, Berlin, 2012: 51-67.

[73] Okamoto T, Takashima K. Decentralized attribute-based signatures[C]. International Workshop on Public Key Cryptography, Berlin, 2013: 125-142.

[74] Blaze M, Bleumer G, Strauss M. Divertible protocols and atomic proxy cryptography[C]. International Conference on the Theory and Applications of Cryptographic Techniques, Berlin, 1998: 127-144.

[75] Ateniese G, Hohenberger S. Proxy re-signatures: New definitions, algorithms, and applications[C]. Proceedings of the 12th ACM Conference on Computer and Communications Security, Alexandria, 2005: 310-319.

[76] Ateniese G, Fu K, Green M, et al. Improved proxy re-encryption schemes with applications to secure distributed storage[J]. ACM Transactions on Information and System Security, 2006, 9 (1): 1-30.

[77] Canetti R, Hohenberger S. Chosen-ciphertext secure proxy re-encryption[C]. Proceedings of the 14th ACM Conference on Computer and Communications Security, Alexandria, 2007: 185-194.

[78] Green M, Ateniese G. Identity-based proxy re-encryption[C]. International Conference on Applied Cryptography and Network Security, Berlin, 2007: 288-306.

[79] Chu C K, Tzeng W G. Identity-based proxy re-encryption without random oracles[C]. International Conference on Information Security, Berlin, 2007: 189-202.

[80] Chandran N, Chase M, Liu F H, et al. Re-encryption, functional re-encryption, and multi-hop re-encryption: A framework for achieving obfuscation-based security and instantiations from lattices[C]. International Workshop on Public Key Cryptography, Berlin, 2014: 95-112.

[81] Libert B, Vergnaud D. Multi-use unidirectional proxy re-signatures[C]. Proceedings of the 15th ACM Conference on Computer and Communications Security, Alexandria, 2008: 511-520.

[82] Sunitha N R, Amberker B B. Proxy re-signature scheme that translates one type of signature scheme to another type of signature scheme[C]. International Conference on Network Security and Applications, Berlin, 2010: 270-279.

[83] Yang X, Wang C, Lan C, et al. Flexible threshold proxy re-signature schemes[J]. Chinese Journal of Electronics, 2011, 20 (4): 691-696.

[84] Joux A. A one round protocol for tripartite Diffie-Hellman[J]. Journal of Cryptology, 2004, 17 (4): 263-276.

[85] Boneh D, Zhandry M. Multiparty key exchange, efficient traitor tracing, and more from indistinguishability obfuscation[J]. Algorithmica, 2017, 79 (4): 1233-1285.

[86] Freire E S V, Hofheinz D, Kiltz E, et al. Non-interactive key exchange[C]. International

Workshop on Public Key Cryptography, Berlin, 2013: 254-271.

[87] Ateniese G, Kirsch J, Blanton M. Secret handshakes with dynamic and fuzzy matching[C]. Network and Distributed System Symposium, 2007, 7 (24): 43-54.

[88] Goyal V, Pandey O, Sahai A, et al. Attribute-basedencryption for fine-grained access control of encrypted data[C]. Proceedings of the 13th ACM Conference on Computer and Communications Security, New York, 2006: 89-98.

[89] Birkett J, Stebila D. Predicate-based key exchange[C]. Australasian Conference on Information Security and Privacy, Berlin, 2010: 282-299.

[90] Bayat M, Aref M R. An attribute - based tripartite key agreement protocol[J]. International Journal of Communication Systems, 2015, 28 (8): 1419-1431.

[91] Boneh D, Nikolaenko V, Segev G. Attribute-based encryption for arithmetic circuits[J]. Cryptology ePrint Archive, 2013.

[92] Rudich S. The use of interaction in public cryptosystems[C]. Annual International Cryptology Conference, Berlin, 1991: 242-251.

[93] Goldwasser S, Micali S, Rackoff C. The knowledge complexity of interactive proof-systems[C]. Providing Sound Foundations for Cryptography: On the Work of Shafi Goldwasser and Silvio Micali, New York, 2019: 203-225.

[94] Goldreich O, Oren Y. Definitions and properties of zero-knowledge proof systems[J]. Journal of Cryptology, 1994, 7 (1): 1-32.

[95] Goldreich O, Krawczyk H. On the composition of zero-knowledge proof systems[J]. SIAM Journal on Computing, 1996, 25 (1): 169-192.

[96] Goldwasser S, Micali S. Probabilistic encryption and how to play mental poker keeping secret all partial information[C]. Proceedings of the 14th Annual ACM Symposium on Theory of Computing, San Francisco, 1982: 365-377.

[97] Feige U, Shamir A. Witness indistinguishable and witness hiding protocols[C]. Proceedings of the 22th Annual ACM Symposium on Theory of Computing, Rome, 1990: 416-426.

[98] Dwork C, Naor M. Pricing via processing or combatting junk mail[C]. Annual International Cryptology Conference, Berlin, 1992: 139-147.

[99] Groth J, Ostrovsky R, Sahai A. Non-interactive zaps and new techniques for NIZK[C]. Annual International Cryptology Conference, Berlin, 2006: 97-111.

[100] Bitansky N, Paneth O. ZAPs and non-interactive witness indistinguishability from indistinguishability obfuscation[C]. Theory of Cryptography Conference, Berlin, 2015: 401-427.

[101] Niu Q, Li H, Huang G, et al. One-round witness indistinguishability from indistinguishability obfuscation[C]. International Conference on Information Security Practice and Experience, Cham, 2015: 559-574.

[102] Canetti R, Dakdouk R R. Obfuscating point functions with multibit output[C]. Annual International Conference on the Theory and Applications of Cryptographic Techniques, Berlin, 2008: 489-508.

[103] Goldreich O, Micali S, Wigderson A. Proofs that yield nothing but their validity or all

languages in NP have zero-knowledge proof systems[J]. Journal of the ACM，1991，38（3）：690-728.

[104] Dwork C，Naor M. Zaps and their applications[C]. Proceedings 41st Annual Symposium on Foundations of Computer Science，Washington，2000：283-293.

[105] Barak B，Ong S J，Vadhan S. Derandomization in cryptography[J]. SIAM Journal on Computing，2007，37（2）：380-400.

[106] Groth J，Ostrovsky R，Sahai A. Perfect non-interactive zero knowledge for NP[C]. Annual International Conference on the Theory and Applications of Cryptographic Techniques，Berlin，2006：339-358.

[107] Brzuska C，Mittelbach A. Using indistinguishability obfuscation via UCEs[C]. International Conference on the Theory and Application of Cryptology and Information Security，Berlin，2014：122-141.

[108] Groth J，Ostrovsky R M，Sahai A. New techniques for noninteractive zero-knowledge[J]. Journal of the ACM，2012，59（3）：11.